邮票图说

哺乳动物

傅力浦　林　轩　编著

科学普及出版社
·北　京·

图书在版编目（CIP）数据

邮票图说哺乳动物／傅力浦，林轩编著．—北京：科学普及出版社，2014.1

ISBN 978-7-110-08526-4

Ⅰ．①邮… Ⅱ．①傅… ②林… Ⅲ．①邮票－世界－图集②哺乳动物纲－世界－普及读物 Ⅳ．①G894.1-64 ②Q959.8-49

中国版本图书馆 CIP 数据核字（2014）第 003749 号

策划编辑	吕建华 许 英
责任编辑	许 英 包明明
装帧设计	中文天地
责任校对	何士如
责任印制	王 沛

出版发行	科学普及出版社
地　　址	北京市海淀区中关村南大街16号
邮　　编	100081
发行电话	010-62173865
传　　真	010-62179148
网　　址	http：//www.cspbooks.com.cn

开　　本	787mm × 1092mm 1/16
字　　数	345千字
印　　张	14.5
印　　数	1-3000册
版　　次	2014年3月第1版
印　　次	2014年3月第1次印刷
印　　刷	北京凯鑫彩色印刷有限公司
书　　号	ISBN 978-7-110-08526-4 / G·3595
定　　价	58.00元

前言

在收集动物邮票时，我们经常为想搞清楚邮票上到底是种什么动物而烦恼，笔者早就盼望找一本这类参考书，国外虽有一些专题邮票目录，但传到我们手中，早已落后好多年。于是萌发了自己编一本这类书的想法，也算是了却了我多年的一个心愿吧。

哺乳纲动物由于体形大，在动物园里与人类接触多，观赏性强，也是世界动物保护的主要对象，在邮票上出现的机会也比其他门类动物高得多。哺乳动物是人类祖先进化过程中最直接的来源，也是人类长期与其相处、认知、利用、争斗的主要对象，因此是与人类关系最密切的动物门类。对它的记载是不断增加的，根据记载，1980 年世界上有 4008 种哺乳动物，分属于 21 目 129 科，2003 年增至 29 目 153 科 1229 属 5416 种。在中国 1990 年仅统计为 394 种，排名世界第五；2001 年增为 55 科 607 种，超过印度尼西亚的 515 种而名列世界第一；据 2006 年最新统计，中国有 13 个目 56 科 242 属 645 种。

中国非常重视野生动物的保护，中国邮政除常年发行的珍贵动物邮票以外，2000 年和 2001 年各发行一个包含 10 枚邮票和 2 枚附票的国家重点保护野生动物（I 级）小全张（前 1 ～ 2）。在世界邮票中，哺乳动物图案仅占其中一小部分，却一贯受到集邮者和关心环境和动物保护人士的欢迎，在世界十大热门集邮专题中始终处于靠前的位置。在世界邮票价格近年普遍低迷的背景下，带熊猫图案的动物邮票，反而普遍大幅升值，其中相当一部分升值达到惊人的地步。

在非洲一些国家公园附近，经常发生野生动物，诸如野猪带着幼仔穿过酒店大堂的现象，使新来的游客感到很惊奇，但当地人却说：这里真正的主人本来就是那些动物，我们才是后来的客人。在亿万年的生物演化过程中，野生动物是生物圈的主要组成部分，它们才是地球上真正的主人，而人类的出现还不到 100 万年。长期以来，人类就像殖民者一样，把自己当作地球的主人，出于自身的需要，只将动植物视为可以食用、药用、观赏等商品的来源，大量直接捕杀，任意毁林占地，致使许多野生动物无处安身，有的向人类发起反抗，有的濒临灭绝，有的已经绝灭。这都是人类自身的贪婪无知造成的。因此，认识野生动物，研究野生动物，保护野生动物，已成为许多有识之士的共识，世界野生动物保护基金会在这方面做了许多工作，通过协调各国发行带熊猫徽标志的动物邮票来彰显这一理念，成绩尤其显著。

许多动物属种群的存在，它们在食物链中所处的地位，是经过千万年演化自然形成的，在维持自然环境的平衡中扮演着各自的角色。比如狼，在我们儿时的记忆中，城市的郊区和农村到处都有它的踪迹，笔者也曾有过在村路行走时被躲在麦地里的狼一路跟踪的经历，谁家猪、羊，以至小孩的失踪无不与它有关系，所以狼招人痛恨，到处墙上画满白圈，据说狼见了白圈就不敢来了。1995 年美国黄石公园的狼消失了，由于没有天敌，鹿群大量繁殖，树被啃得枯黄，水獭缺少食物而减少，鹿群陷入饥饿和疾病，数量和质量大幅下降，形成周期性的死亡之冬。这时鼓励将狼斩尽杀绝的科学家才终于明白了他们所犯的错误，于是重新引入灰狼，很快就恢复了当地的动植物生态平衡。狼处于温带森林草原地区食物链的顶端，具有使底端动物病弱个体淘汰、保持种群健康兴旺的作用。谁会想到，如今狼成了世界一级重点保护动物，与在人们心目中一直获得好感的大熊猫和猴子一样珍惜。

对于体型向大型特化方向发展的动物，人类轻而易举就让它灭绝了的例子很多，比如无齿海牛，1741 年在北太平洋东部被欧洲探险者发现，为了获取它们的皮毛和肉，仅仅过了 27 年，于 1768 年就被人们狂捕滥杀消灭光了。然而对一些个体很小，向繁殖能力强而增加数量方向发展的物种，它们已经适应演化了数十甚至数百万年，其生存本领远不是人类所能轻易消灭的。让人类更加痛恨的老鼠就是这样，人类的大规模灭鼠运动已经持续了几百年，结果却越灭越多。鼠类产生了抗药性，而老鼠的天敌却由于吃了被毒死的老鼠而中毒死亡，老鼠的天敌反而越来越少，同时鼠药污染环境，使其他生物包括人类反而遭殃。这说明人类如果不研究、不尊重客观的自然法则，往往受到自然的报复。

生物多样性是各种生物演化平衡的保证，从低等微生物到高等哺乳动物，在寄生和食物链等方面的相互关系，人类了解得还远远不够。因此，保护自然动物，拯救濒危物种，保护生物多样性，也就是在拯救保护人类自己。

近几十年的动物邮票上，大多印有该动物的拉丁文名，这是确定该动物名称最科学准确的依据。早期的动物邮票上没有任何名称或只有外文俗名，幸好前人所编目录早已作过定名研究，使我们能够得以借鉴。在编写过程中，我们还发现个别名称有误，遂慎重做了纠正。本书注重资料性和科学性，兼顾趣味性，尽量收入不同的属种，亚种只介绍极少数，相同的种基本只取一枚邮票说明，通过约 900 枚邮票上的 757 种哺乳动物的图形，对其形态、习性、分布特征作一简要介绍，使读者初步了解世界哺乳动物的概况。书后有 3 个附表：世界重点保护哺乳动物名录、中国重点保护哺乳动物名录、本书收录哺乳动物拉丁文属种名索引。当读者拿到一枚哺乳动物邮票时，可以采用两种方法进行查找，一是按动物由低级向高级进化分类顺序直接在正文核查；二是找到邮票上面的拉丁文，通过索引找到相关文字介绍。

傅力浦

2013.12

目录

前言

一　单孔目 MONOTREMATA ……………………………… 1

1. 鸭嘴兽科 ORNITHORHYNCHIDAE……………………1
2. 针鼹科 TACHYGLOSSIDAE……………………………2

二　有袋目 MARSUPIALIA ……………………………… 3

1. 负鼠科 DIDELPHIIDAE ……………………………3
2. 袋狼科 DASYURIDAE……………………………………5
3. 袋鼬科 DASIURIDAE ……………………………………5
4. 袋食蚁兽科 MYRMECOBIIDAE …………………………6
5. 袋狸科 PERAMELIDAE……………………………………7
6. 兔袋狸科 THYLACOMYIDAE ……………………………7
7. 鼠袋鼠科 POTOROIDEA……………………………………7
8. 袋熊科 VOMBATIDAE ……………………………………8
9. 袋貂科 PHALANGERIDAE …………………………………9
10. 袋鼯科 PETAURIDAE ……………………………………10
11. 倭袋貂科 BURRAMYIDAE…………………………………12

12. 袋熊科 PHASCOLARCTIDAE······12
13. 袋鼠科 MACROPODIDAE······13

三 食虫目 INSECTIVORA······18
1. 鼩鼱科 SORICIDAE······18
2. 沟齿鼩科 SOLENODONTIDAE······20
3. 跳鼩科 MACROSCELIDIDAE······22
4. 猬科 ERINACEIDAE······22
5. 马岛猬科，也称无尾猬科 TENRECIDAE······24

四 贫齿目 EDENTATA······25
1. 犰狳科 DASYPODIDAE······25
2. 树懒科 BRADYPODIDAE······26
3. 食蚁兽科 MYRMECOPHAGIDAE······27

五 鳞甲目 PHOLIDOTA······29
鲮鲤科 MANIDAE······29

六 管齿目 TUBULIDENTATA······31
土豚科 ORYCTEROPODIDAE······31

七 皮翼目 DERMOPTERA······32
鼯猴科 CYNOCEPHALIDAE······32

八 翼手目 CHIROPTERA······33
1. 狐蝠科 PTEROPIDAE······34
2. 吸血蝠科 DESMODONTIDAE······37
3. 菊头蝠科 RHINOLOPHIDAE······37
4. 蹄蝠科 HIPPOSIDEROS······38
5. 叶口蝠科 PHYLLOSTOMIDAE······38
6. 蝙蝠科 VESPERTILIONIDAE······38

九 啮齿目 RODENTIA …… 40

1. 松鼠科 SCIURIDAE …… 40
2. 鼯鼠科 PETAURISTIDAE …… 45
3. 鳞尾松鼠科 ANOMALURIDAE …… 46
4. 睡鼠科 GLIRIDAE …… 46
5. 荒漠睡鼠科 SELEVINIDAE …… 48
6. 异睡鼠科 HETEROMYIDAE …… 48
7. 囊鼠科 GEOMYIDAE …… 48
8. 跳鼠科 DIPODIDAE …… 48
9. 跳兔科 PEDETIDAE …… 49
10. 仓鼠科 CRISETIDAE …… 49
11. 田鼠科 MICROTIDAE …… 51
12. 家鼠科 MURIDAE …… 52
13. 滨鼠科 BATHYERGIDAE …… 54
14. 豪猪科 HYSTRICIDAE …… 54
15. 美洲豪猪科 ERETHIZONTIDAE …… 56
16. 海狸科 CASTORIDAE …… 57
17. 豚鼠科 CAVIDAE …… 58
18. 水豚科 HYDROCHOERIDAE …… 59
19. 兔豚鼠科 CUNUCULUDAE …… 59
20. 毛丝鼠科，绒鼠科 CHINCHILLIDAE …… 60
21. 花背豚鼠科 DINOMYIDAE …… 60
22. 硬毛鼠科 CAPROMYIDAE …… 60
23. 河狸鼠科 MYOCASTORIDAE …… 61
24. 刺鼠科 DASYPROCTIDAE …… 61

十 兔形目 LEGOMORPHA …… 62

1. 鼠兔科 OCHOTONIDAE …… 62
2. 兔科 LEPORIDAE …… 63

十一 鲸目 CETACEA …… 68

1. 海豚科 DELPHINIDAE …… 68

2. 尖嘴海豚科 SYTENIDAE …… 70
3. 河豚科 PLATANISTITAE …… 71
4. 鼠海豚科 PHOCOAENIDAE …… 72
5. 独角鲸科 MONODONTIDAE …… 73
6. 露脊鲸科 BALAENIDAE …… 73
7. 灰鲸科 ESCHRICHTIIDAE …… 74
8. 长须鲸科 BALAENOPTERIDAE …… 75
9. 抹香鲸科 PHYSETERIDAE …… 77
10. 圆头鲸科 GLOBICEPHALIDAE …… 78
11. 剑吻鲸科 ZIPHYDAE …… 79

十二 鳍脚目 PINIPEDIA …… 80
1. 海狮科 OTARIIDAE …… 80
2. 海豹科 PHOCIDAE …… 82
3. 海象科 ODOBENIDAE …… 84

十三 海牛目 SIRENIA …… 85
1. 儒艮科 DUGONGIDAE …… 85
2. 海牛科 TRICHECHIDAE …… 85

十四 偶蹄目 ARTIODACTYLA …… 87
1. 猪科 SUIDAE …… 87
2. 西瑞科 TAYASSUIDAE …… 89
3. 河马科 HIPPOPOTAMIDAE …… 90
4. 骆驼科 CAMELIDAE …… 91
5. 鼷鹿科 TRAGULIDAE …… 92
6. 鹿科 CERVIDAE …… 94
7. 叉角鹿科 ANTILOCAPRIDAE …… 101
8. 牛科 BOVIDAE …… 101
9. 长颈鹿科 GIRAFFIDAE …… 122

十五 奇蹄目 PERISSODACTYLA …… 123
1. 马科 EQUIDAE …… 123
2. 貘科 TAPIRIDAE …… 126
3. 犀科 RHINOCEROTIDAE …… 127

十六 蹄兔目 HYRACOIDEA …… 128
蹄兔科 PROCAVIIDAE …… 128

十七 长鼻目 PROBOSCIDEA …… 129
象科 ELEPHANTIDAE …… 129

十八 食肉目 CARNIVORA …… 131
1. 犬科 CANIDAE …… 131
2. 熊科 URSIDAE …… 137
3. 浣熊科 PROCYONIDAE …… 139
4. 猫熊科 AILUROPODIDAE …… 140
5. 鼬科 MUSTELIDAE …… 141
6. 灵猫科 VIVERRIDAE …… 146
7. 鬣狗科 HYAENIDAE …… 152
8. 猫科 FELIDAE …… 154

十九 树鼩目 SCANDENTIA …… 165
树鼩科 TUPAIIDAE …… 165

二十 灵长目 PRIMATES …… 166
1. 狐猴科 LEMURIDAE …… 166
2. 指猴科 DAUBENTONIIDAE …… 170
3. 懒猴科 LORISIDAE …… 170
4. 跗猴科 TARSIIDAE …… 173
5. 狨科 CALLITHRICHIDAE …… 173
6. 卷尾猴科 CEBIDAE …… 175

7. 猕猴科 CERCOPITHECIDAE …… 178
8. 长臂猿科 HYLOBATIDAE …… 189
9. 猩猩科 PONGIDAE …… 191

世界重点保护哺乳动物名录 …… 194

中国重点保护哺乳动物名录 …… 199

本书收录哺乳动物拉丁文属种名索引 …… 201

一

单孔目 MONOTREMATA

单孔目动物的许多特征接近爬行类，如卵生，但像所有的哺乳动物一样，雌兽将卵孵化后，也用乳汁喂养后代。所谓单孔就是消化道、排泄道、生殖道共用一个腔，由一个共同的口通向体外。体温低而调节不完善。是一类最低等的哺乳动物，目前仅分布于澳大利亚、新几内亚及附近岛屿。有2科。

1. 鸭嘴兽科 ORNITHORHYNCHIDAE

仅1属1种。

鸭嘴兽 鸭嘴兽是一种非常奇特适应住在水边的哺乳动物。嘴扁平似鸭，没有嘴唇和牙齿，体肥扁，前后肢均有蹼，尾宽阔而扁平并覆以鳞片，全身有深紫色不透水的柔软短毛。适应在河湖水中生活，又有尖锐的爪，适于掘土，以水生昆虫、蜗牛等为食。体重1.5～2千克。

图 1.1

图 1.2

在澳大利亚1943年的普通邮票（图1.1）、1959年普通邮票（图1.2）、1986年面值36分5连票中一枚（图1.3）上可以看到鸭嘴兽的独特外形。

图 1.3

鸭嘴兽的启示

人类对鸭嘴兽的认识历史，是科学研究发展规律的典型例证，鸭嘴兽也不愧是自然辩证法的好老师。1799年，几位英国动物学家从澳大利亚南部发现一张兽皮，还以为这是哪个好事之徒把鸭子嘴缝在一张小兽皮上。几年后苏格兰解剖学家霍姆发现它没有任何缝纫的迹象，才引起科学界重视，德国动物学家布鲁门巴赫教授来到博物馆，进行仔细观察后，给它起了个名字，叫鸭嘴兽，就是现今使用的该属名。名字有了，但究竟属于动物的什么位置，争论了几乎100年。连大家熟悉的知识非常渊博的自然科学理论家和革命家恩格斯也被卷了进去。1843年，当恩格斯在曼彻斯特看见一个蛋，听说是从澳洲带来哺乳动物鸭嘴兽下的蛋，就哈哈大笑，说既然鸭嘴兽能下蛋，就不可能是哺乳动物。两年后，当他弄清鸭嘴兽既是哺乳动物又能下蛋时，特地写信给朋友，表示“不得不请鸭嘴兽原谅他的傲慢与无知”。可见恩格斯是非常重视科学实践的，当旧事物被证明不对时，便坚决抛弃原来的偏见，重新认识和评价鸭嘴兽。这种勇于吸取教训、相信科学实践、实事求是的精神，是值得我们每个人在认识研究和探索真理的过程中学习的。

2. 针鼹科 TACHYGLOSSIDAE

普通针鼹 外形像刺猬，体毛杂有坚硬的刺。头小而尖，看不到颈部，有薄而突出的吻，其上布满细小的倒钩以捕捉昆虫。尾巴极短，毛色较浅，体重3～6千克。分布于澳大利亚南部和新几内亚中部灌丛草原和多石半荒漠地带。尽管针鼹隶属于哺乳动物中最原始的目，却是澳大利亚分布最广的哺乳动物。澳大利亚1974年面值25分普票（图1.4），1992—1998年濒危物种面值35分邮票上有它的身影（图1.5）。

图 1.4

三趾原鼹，三趾针鼹 体色黑褐，嘴较长，它的前肢只有中间三个趾长着明显的爪，第一和第五趾仅有被硬皮覆盖的突起，所以看起来只有三个趾，后趾有很长而锐利的五个趾，这是它挖掘蚁穴的主要工具，它的高超挖洞技巧让人难以想象，在坚硬的土地上，几分钟就能挖出一个洞，将自己隐藏起来。遇到危险时会全身蜷缩成球状。见巴布亚新几内亚1971年动物邮票（图1.6）。

图 1.5

图 1.6

二

有袋目 MARSUPIALIA

这个目动物的原始性，表现在胎儿未发育完全时就出生了，所以演化出育儿袋让胎儿待在里面直到发育成熟，幼儿在育儿袋里就可吸到乳汁。约有 17 科 250 种，大部生活在澳大利亚和巴布亚新几内亚，约有四分之一的种生活在美洲。

1. 负鼠科 DIDELPHIIDAE

负鼠，也可直译为弗吉尼亚负鼠 在中美洲森林里经常能见到一种将幼兽背在背上像老鼠一样的小动物，于是出现了负鼠这个名字。体长 30 厘米左右，背部颜色深灰，腹部白色，脸部有一条黑色贯眼纹，尾巴长，光裸无毛。主要分布在中美的森林地带，也是唯一分布在墨西哥北方的有袋动物。见圣文森特的格林纳丁斯 1979 年面值 40 分野生动物邮票（图 2.1）。非洲中部一些国家 2002 年发行了一系列印刷精美、由 6 枚邮票组成的动物邮票版张以及小型张，其中刚果发行的 6 枚画面都是负鼠类（图 2.2），

图 2.1

图 2.2

图 2.3

图 2.4

其中上部那枚即是该种。

刚果 2002 年动物邮票版张上其他负鼠科动物分别为：左上**长鼻负鼠**　以鼻子特长为特征。左下**拟睡鼠负鼠**　长尾尖嘴黑眼圈的外形，与啮齿目的睡鼠颇似，图 2.2 左下及小型张也是该种（图 2.3）。右上**水负鼠**也称**蹼足负鼠**　毛皮能够防水，后腿有蹼，是唯一既能在陆地也适应在水中生活的负鼠，见于中、南美。格林纳达 1990 年动物邮票小型张主图也是该种（图 2.4）。中下为**罗氏鼠猊**。右下**短尾鼠猊**　大多数负鼠的尾巴超过体长，但该种却比体长短，所以被称为短尾鼠猊。

图 2.5

图 2.6

小鼠猊又叫**鼩鼠**　体型很小，状如老鼠，尾巴很细而长，见圭亚那 1981 年自然保护邮票（图 2.5）。**裸尾鼠猊**，也称**四眼鼠猊**　以眉毛处有一块明显的白斑为特征，尾巴粗壮，光滑无毛。见圭亚那 1981 年自然保护邮票（图 2.6）。**查氏鼠猊**　脸颊和鼻梁两侧有明显白斑纹。见格林纳达 1969 年面值 25 分普通邮票（图 2.7）。

图 2.7

毛负鼠　是负鼠类中比较漂亮的一种，眼部至额部有一大片黑斑，但眼脊是白色，二者黑白对比非常显眼。格林纳达 1990 年小型张边纸左上角即是（图 2.4）。

粗尾负鼠 以毛绒绒的又粗又长的尾巴为特征，竖起的耳朵又大又圆。澳大利亚 1981 年当地动物面值 50 分的即是（图 2.8）。

图 2.8

2. 袋狼科 DASYURIDAE

袋狼，塔斯马尼亚虎 袋狼是种很有传奇色彩的动物，它似狼类虎，个体与狼和狗相似，耳朵比狼和狗短而低，但身体从背部向两侧有与虎相近的 13 ～ 19 条黑褐色横纹，尾巴细长。体长 1 ～ 1.3 米，尾巴长 0.5 ～ 0.65 米，毛色棕褐或棕黄。白天藏在洞里，晚上出来活动。性情凶猛，以袋鼠和鸟类为食，也捕食家畜。过去塔斯马尼亚岛这种动物很多，自从殖民者奖励捕杀袋狼后，到 1914 年就非常罕见了，野生袋狼 1933 年绝灭，最后一只人工饲养袋狼死于 1948 年。袋狼被反映在坦桑尼亚已绝灭动物面值 40 先令（图 2.9）和老挝 1984 年澳洲邮展面值 3 基普（图 2.10）邮票上，澳大利亚 1962 年普通邮票上也有它的形象（图 2.11）。

图 2.9

图 2.10

图 2.11

3. 袋鼬科 DASIURIDAE

袋獾 在澳洲是臭名昭著的动物，体型粗壮，非常贪食而凶残，牙齿非常粗硬，能咬断很粗的骨头或铁笼，是有袋类中的掠食恶魔，所以也被称为“塔斯马尼亚恶魔”。它还有个特点，就是常常吼叫吵闹不休，有意思的是在动物园里，甚至能利用这一特点，教它唱歌。饲养员和袋獾混熟了后，站在它面前唱出一个音调，袋獾便随声附和地唱起来，嘴巴一张一合，似乎让它唱多久都不会厌倦。分布于塔斯马尼亚岛的丛林地带。老挝 1984 年澳洲邮展面值 2 基普邮票上有袋獾（图 2.12）。

图 2.12

图 2.13

三纹袋小鼠 体型小，重 200 克，耳朵宽而短，毛色黑褐，背部有三道黑色纵条纹。分布于新几内亚热带雨林。巴布亚新几内亚 1993 年动物邮票面值 21 托伊那枚便是（图 2.13）。

袋鼬又称白斑袋鼬或土猫 体型小，重 580 ～ 700 克，四肢短，尾巴长，毛色黑褐，身上有白色斑点，但尾部没有。分布于新几内亚海拔 1000 米左右森林地带。见巴布亚新几内亚 1980 年动物邮票中面值30托伊那枚（图2.14）。

图 2.14

图 2.15

斑尾袋鼬 毛色较浅，为褐黄至黄褐色，白色斑点可在尾部出现。分布于澳大利亚。见澳大利亚 1990 年动物邮票（图 2.15）。

4. 袋食蚁兽科 MYRMECOBIIDAE

图 2.16

缟食蚁兽，袋食蚁兽 体型小，体长 18 ～ 28 厘米，尾巴长 13 ～ 17 厘米，像个大扫把，体重 270 ～ 450 克。鼻子又尖又长，舌头也很长，以便于吃白蚁。在生态上，与非洲大陆演化出专吃白蚁的土豚和中南美的食蚁兽相当。毛色红棕，从鼻子到眼后有一条黑纹，身体后部有 6 ～ 7 条黑白相间的横纹。见坦桑尼亚 100 先令邮票（图 2.16）

和澳大利亚1960年邮票（图2.17）。

图 2.17

5．袋狸科 PERAMELIDAE

袋狸科动物嘴巴大多又尖又长，尾巴也长，有8属20余种。

鼩，刺袋狸 外形像长嘴小耳朵的老鼠，尾巴只有身长的四分之一，毛棕色，嘴上和眼下胡须发育。见巴布亚新几内亚1980年面值45托伊邮票（图2.18）。

长尾袋狸 其他袋狸尾巴大多只有体长三分之一，而该种尾巴接近体长，为18～26厘米，所以被叫做长尾袋狸。体型小，体长24～30厘米，体重350～670克。毛色灰褐，从鼻子、头顶向背后有一条黑色条纹，嘴上胡须发育。分布于新几内亚海拔1000米以上草原森林地带。见巴布亚新几内亚1993年面值45托伊邮票（图2.19）。

图 2.18

图 2.19

6．兔袋狸科 THYLACOMYIDAE

兔袋狸，兔耳袋狸 这种鼻嘴和耳朵都很长的动物，看起来是不是非常特别？把它叫做兔耳袋狸是再恰当不过。体型小，体长40～56厘米，尾巴长12～34厘米，体重4.7千克。毛色暗灰，腹部较浅，四肢白色。晚上单独活动。分布于澳大利亚西部沙漠地带。澳大利亚1981年本土动物面值25分邮票即是（图2.20）。

图 2.20

7．鼠袋鼠科 POTOROIDEA

暗黑弹鼠 澳大利亚共有9种弹鼠，它们后腿比前腿长，尾巴比身体长，外形很像跳鼠。暗黑弹鼠毛色黄褐（图2.21）。

图 2.21

图 2.22

长尾狭足袋小鼠　狭足袋小鼠共有 12 种，均产于澳大利亚，一般体长 7 ～ 12 厘米，尾长 5.5 ～ 13 厘米。本种体长 8.3 厘米，尾长却达到 20 厘米，所以比较特殊。体小耳大嘴尖，从鼻尖到头顶有一条黑褐色斑，与赤颊袋小鼠很相近，但尾巴更长，眼圈更黑。澳大利亚 1992 年动物邮票中上有它们的踪迹（图 2.22）。

8. 袋熊科 VOMBATIDAE

袋熊科是有袋类中体型较大的一类，体型矮胖可爱，外表像熊，爪子尖利，能挖 30 米长的地道，白天躲在洞里晚上出来觅食，吃草等植物，最大可达 35 千克。仅分布在澳大利亚东南及塔斯马尼亚岛。仅 2 属 2 种。

图 2.23

图 2.24

普通袋熊　体重 50 ～ 70 千克，尾巴退化，体毛较粗，灰褐色。分布于澳大利亚东南及塔斯马尼亚岛草原和丘陵地带。见澳大利亚 1975 年面值 20 分（图 2.23）和 1992 年发行的濒危物种邮票面值 95 分邮票（图 2.24）。

毛鼻袋熊，又叫**软毛宽额长鼻袋熊**　比袋熊小，体重 19 ～ 32 千克，毛色灰至褐，柔软光亮细腻，鼻子上覆盖着一层褐色毛，耳朵较长。它有个特别的习惯只吃洞口附近的草，所以它挖的洞穴规模非常大，纵深可达 800 米，有好几个出入口，为的就是放心在洞口附近吃草。分布于澳大利亚东南及塔斯马尼亚岛草原灌丛地带。毛鼻袋熊在昆士兰东南已于 1900 年消失，新南威尔士也已经很久不见踪影了。只有在澳大利亚 1981 年本土动物邮票上才能见到（图 2.25）。

图 2.25

9. 袋貂科 PHALANGERIDAE

袋貂科大多嘴尖而短，尾巴大多具缠绕性，但也有不能缠绕的。你别看它们名字叫袋貂，以为跟食肉目貂类一样是吃荤的，其实不然，主要吃树叶、花、果，只有很少数杂食。大约有 17 属 42 种，其中有不少奇特珍稀种类。

灰袋貂 体型小，体长 40 ～ 47 厘米，尾巴长 28 ～ 43 厘米，体重 1.6 ～ 3.5 千克。鼻尖耳小，毛色灰白至红褐，背部有条纹。分布于澳大利亚、新几内亚、所罗门至苏拉威西 1500 米以下森林地带。所罗门群岛视其为该岛代表性濒危动物，2002 年发行邮票 4 枚（图 2.26）。

图 2.26

斑袋貂 体型浑圆肥胖可爱，体重 2.3 ～ 6 千克，全身披着非常漂亮的金黄色或白色长毛，尾巴卷曲。分布于澳大利亚、新几内亚 1200 米以下森林。毛色颇为有趣，巴布亚新几内亚 1963 年邮票上全身黄白色无斑的是雌性（图 2.27），1971 年动物邮票上带褐色斑块的是雄性（图 2.28）。印度尼西亚 1996 年与澳大利亚联合发行邮票小型张左侧的斑袋貂是带白色斑点的；而右侧那枚是**熊袋貂** 体态与花袋貂相似，毛色深棕至黑棕，腹面白色（图 2.29）。

图 2.27

图 2.28

图 2.29

图 2.30

狐袋貂 体型大小像家猫，长 20 ～ 26 厘米，尾巴长 17 ～ 24 厘米，体重 260 ～ 550 克。毛色黑，从鼻尖有一条明显的白色条纹，到头顶分为两条通过背部，尾巴黑色，但末一半白色。分布于新几内亚海拔 1200 ～ 3000 米之间森林地带，白天睡觉，晚上出来活动，行动诡秘，很难一见。见巴布亚新几内亚 1971 年面值 10 分邮票（图 2.30）。

羽毛袋貂 这是一种极为稀少的珍稀有袋类动物，以尾巴两侧镶着两行长毛，宛若羽尾为特征。体型很小，体长 10 ～ 13 厘米，尾巴扁平，超过身体长度 13 ～ 16 厘米，体重 38 ～ 62 克。毛色灰褐，面部中央白色，两侧两块大黑斑通过双眼。分布于新几内亚海拔 1900 米森林。巴布亚新几内亚 1971 年面值 15 分邮票上展示了这种动物高贵而又可爱的模样（图 2.31）。

帚尾袋貂 体重 2 ～ 3.5 千克，嘴尖耳圆，尾长具缠绕性，毛色黑灰，晚上活动。分布于澳大利亚和塔斯马尼亚岛森林地带。见澳大利亚 1975 年面值 30 分动物邮票（图 2.32）和 1992—1998 年濒危物种面值 60 分邮票（图 2.33）。

利氏袋貂，山袋貂 毛茸茸的尾巴又粗又长，竖起的耳朵又大又圆。澳大利亚 1996—1999 年动植物邮票面值 5 分即是（图 2.34）。

图 2.31

图 2.32

图 2.33

图 2.34

10. 袋鼯科 PETAURIDAE

粗略地可划分为小袋鼯、袋鼯、大袋鼯三类，虽然都会滑翔，但在进化上彼此却没有很近的血缘关系。

袋鼯，大袋鼯 是四肢间带皮膜，能滑翔的有袋类中体型最大的一种，连尾长约 1 米，可以滑翔 100 米，用长而扁平的尾巴保持平衡。它还有两个特点，一是在夜间眼睛能发磷光，二是食性非常单一，只吃一种带薄荷味的树叶。一生在树上生活，很少下地。见老挝 1984 年澳洲邮展面值 0.5 基普邮票（图 2.35）和澳大利亚 1990 年面值 41 分动物邮票（图 2.36）。

图 2.35

图 2.36

羽尾袋鼯 以尾巴片状毛分列两侧好似羽毛为特征。四肢间有皮膜可以在树间滑翔，毛色灰。见澳大利亚 1975 年动物邮票中面值 75 分那枚（图 2.37）。

图 2.37

鼠袋鼯 毛色灰，有黑斑，头部有三条黑条纹。有皮膜能滑翔，粗壮蓬松的尾巴可以把握方向。鼠袋鼯在澳大利亚分布很广，但很少有人看到，原因是它们仅在夜晚活动。有些人一生都未见到，偶尔清晨在家门口发现一只死袋鼯，这才知道他家花园里也有这种会滑翔的动物，是鼠袋鼯把夜间墙壁当作明亮的天空而撞上死去的。家里的猫咪则是捕捉这种小兽的高手。见澳大利亚 1992 年面值 45 分动物邮票（图 2.38）。

三纹缟袋貂 体型小，尾巴粗比身体长许多，末部白色，毛色黑，一条显眼的白色从鼻尖开始，至头顶分成两条一直向后延伸，其他地方还有一些白斑。夜晚活动，喜欢大声鸣叫。分布于澳大利亚和新几内亚森林地带。见澳大利亚 1996 年面值 50 分普通邮票（图 2.39）。

苔林环尾袋貂 体型小，体重 450 ～ 835 克，毛色黄褐，面部橘黄，中央和四周有褐色斑纹。分布于新几内亚海拔 500 ～ 2800 米森林地带。见巴布亚新几内亚 1993 年面

图 2.38

图 2.39

图 2.40

值 90 基那邮票（图 2.40）。

11. 倭袋貂科 BURRAMYIDAE

山倭袋貂 这是一种在澳大利亚高山上重新被发现神秘莫测的小动物，过去仅有化石描述记录，后来曾发现一只活的，它的动物组织十分原始，能帮助人们了解澳大利亚很多有袋动物早期组织的相互关系，可惜这只山倭袋貂没有被观察完就死去了，动物学家只好通过研究它的头盖骨加以辨认。山倭袋貂体型很小，仅长 10 厘米，尾巴细长，约 15 厘米，便于缠绕树枝。毛色灰，腹部白，背部和颈部有颜色稍深的横纹，眼圈黑。澳大利亚 1990 年动物邮票上面值 70 分（图 2.41）和 1992 年面值 45 分动物邮票即是（图 2.42）。

图 2.41

图 2.42

12. 袋熊科 PHASCOLARCTIDAE

树熊，有许多中文名字，如**考拉**，**无尾熊** 考拉生有一对大耳朵，耳有茸毛，鼻子裸露且扁平，它四肢粗壮，利爪长而弯曲，善于攀树，且多数时间待在高高的树上，就连睡觉也不下来。以桉树叶和嫩枝为食，只吃几种特定的桉树叶。体型大而肥胖，毛色青灰至银灰。体重 10 ～ 20 千克，尾巴已退化。分布于澳大利亚东南及西南。

澳大利亚曾多次发行树熊邮票，这里采用 1992 年和 1996 年的各一枚展示（图 2.43、图 2.44）。

图 2.43

图 2.44

不喝水的考拉

考拉在澳大利亚土语中是不喝水的意思，因为它不爱下树，不爱活动，以树叶补充水分，所以一生不用喝水。这和它生活的环境有关，桉树摄入的营养物质比较少，而考拉正是以这种树为食，自然而然，考拉从桉树中得到能量也相对的少，因此它们必须要减少自己的活动量，来储存更多的热量帮助它们生存，考拉很喜欢晒太阳，经常趴在树上不动。考拉没有尾巴，这是因为它的尾巴经过漫长的岁月已经退化成一个"坐垫"，因而能长时间舒适潇洒地坐在树上。

考拉性情温和，鼻子光滑，小眼睛大耳朵，其容貌与我国的大熊猫一样讨人喜欢，人们见了都想抱抱它，它也乐意让人抱，所以成为澳大利亚最受欢迎动物的象征。过去数量非常多，为了漂亮的毛皮，1924 年仅从东澳大利亚运出的树袋熊皮就达 200 多万张。由于捕猎容易和生病，在昆士兰曾从数百万只减少到几千只。经大力保护，现数量已大幅回升。

13. 袋鼠科 MACROPODIDAE

树袋鼠与其他袋鼠有很大的不同，一般袋鼠后腿粗长，前腿细短，尾巴上粗下细；而树袋鼠前、后肢长度相近，爪子弯曲而尖利，尾巴因不须支撑身体大多上下粗细相同，适应在树上生活，以树叶和果实为生，别看它样子好像很笨，实际上跟猴子一样灵活，能从一棵树跳到 10 米以外的另一棵树。

灰树袋鼠 体型大，体长 62 ～ 77 厘米，尾巴与体长相等或超过，体重 10 ～ 17 千克。毛色灰，头部深灰，耳朵大而尖。分布于新几内亚西部和北部。见于巴布亚新几内亚 1994 年汉城邮展小型张左边那枚（图 2.45）。右边那枚是**德氏树袋鼠** 德氏树袋鼠毛色深褐，尾巴上粗下细。

古氏树袋鼠 体重 6.7 ～ 9 千克，尾长超过体长，毛色棕红。分布于新几内亚东部和中部。巴布亚新几内亚 1971 年动物邮票面值 30 分即是（图 2.46）。

图 2.45

马氏树袋鼠 尾巴与体长相

图 2.46

当，毛色褐，腹部较浅，四肢和尾巴金黄色，白天活动。分布于新几内亚岛东北。巴布亚新几内亚 1994 年的邮票上分别表现被儿童抱着、在树上、在吃树叶的马氏树袋鼠（图 2.47）。

大灰袋鼠 比大赤袋鼠稍微小一点，体重 60～80 千克，毛色深灰。分布于澳大利亚南部和西部灌木丛。见澳大利亚 1992 年面值 90 分普通邮票（图 2.48）。

图 2.47

大赤袋鼠 是袋鼠中体型最大的，澳洲土语坎卡鲁（不知道）即指这种袋鼠。体长 1.3～1.5 米，尾巴粗长 1.2～1.3 米，体重 70～90 千克。毛色赤褐。前肢短小，后肢特长有力，一跳可达 9 米，用力时可达 13 米，分布于澳大利亚东南部开阔草原地带。

图 2.48

世界上第一枚袋鼠邮票是新南威尔士 1889 年发行的面值 1 先令邮票（图 2.49），澳大利亚建国后第一套袋鼠邮票是 1913 年发行的（图 2.50），以后也多次发行过，如 1971 年（图 2.51）和 1996 年（图 2.52）。

图 2.49

图 2.50

图 2.51

图 2.52

大赤袋鼠的节水

大赤袋鼠结群生活，早晨及黄昏凉快时活动，即使高温天气，在寸草不生的茫茫沙海，它们也有防晒的方法，比如沿着电线杆的阴影，可以见到好几只袋鼠排成一队的奇特景观，一直坐到太阳下山。大袋鼠节约水分的能力可与骆驼比美，只相当绵羊所需水分的四分之一。它是如何做到这一点的呢？我们知道，呼吸道蒸发比皮肤蒸发丧失的水分要少，大袋鼠能做到运动停止后即停止流汗，改用喘气和舔身体来降温散热。再就是尽量减少身体与环境的接触面积，就能少吸收周围热量。所以在高温环境下，大袋鼠并不躺在树荫下，而是宁可弓背站立，粗长的尾巴也紧紧夹在两腿间。厚密的体毛，也可起到与周围炎热隔绝的作用。大袋鼠还有在荒漠挖井的本事，可挖深达 1 米的井，靠井水活命。

白喉袋鼠　体型小，体重仅 3.2 ～ 5.4 千克，尾巴粗长，耳朵长，毛色黑褐，喉部有一块白色斑。分布于澳大利亚东南部森林地带。见澳大利亚 1992 年面值 45 分动物邮票（图 2.53）。

图 2.53

花袋鼠　是袋鼠中形体最美、跑得最快的一种，体重 20 千克，它的特征是脸上有黑色花纹，从脊背到腰部还有灰色花纹。曾分布于南澳大利亚州东南和维多利亚州，欧洲殖民者认为袋鼠与家畜争食，又因皮毛华丽，奖励捕杀。到 1920 年只剩下 14 只，当人们想到应该对它进行保护时为时已晚，1927 年最后一只花袋鼠遭狗咬，被人救下来后，也在当年死掉。坦桑尼亚 1990 年已绝灭动物面值 100 先令邮票上标明，1940 年绝灭（图 2.54）。

束甲尾袋鼠　体型中等，尾巴粗壮，是身体强有力的支撑。有一些尾袋鼠毛色淡黄褐。该种为灰棕，耳朵长，毛色褐黑，脸部和肩后有长的白斑。分布于澳大利亚北部。见于澳大利亚 1981 年本土动物面值 30 分邮票（图 2.55）。

图 2.54

图 2.55

图 2.56

图 2.57

刺巢鼠 外形很像一只兔子，毛色褐黄，有关它的资料很少。见于澳大利亚 1981 年本土动物面值 55 分（图 2.56）。

帚尾岩袋鼠 耳朵大而长，尾巴粗强多毛，前腿比后腿短得多，毛色棕红，头部灰黑，脸颊及前胸有白斑。袋鼠大都有寻找水源解渴的习惯，可是岩袋鼠却与众不同，很少饮水，这是为什么呢？原来岩袋鼠生活在半荒漠地区，如果大量喝水，就会失去很多氮，而氮是蛋白质的主要成分，这样就大大降低了它们所吞吃食物的营养价值，这也是长期演化出来的结果，是不是让人感到很意外！澳大利亚 1990 年动物邮票中面值 80 分即是（图 2.57）。

黄足岩猼 与一般袋鼠不同的地方，是尾巴根部并不粗壮，甚至还带分节条纹，因为它奔跑时只用尾巴保持平衡，而不用它支持身体。生活在多岩石的山区，脚底生柔软的防滑垫。岩猼共有 6 种，该种是其中体型最大的。见贝宁 2002 邮票版张（图 2.58）面值 135 法郎那枚。150 法郎邮票上为**刺巢鼠**。200 法郎那枚是**短尾矮袋鼠**，其外形像老鼠，但比老鼠体型大得多。17 世纪欧洲人在澳大利亚西部探险时，首先碰到的有袋类就是这种动物，误以为是老鼠，所以就把它的一处繁殖地称为“鼠穴

图 2.58

图 2.59

岛”。270 法郎那枚即是**丛狮**，又称**红腿袋鼠**。为了适应恶劣的环境，有袋类还演化出另一些特殊本领，比如丛狮就有直接饮用海水的本领，而对大多数动物来说海水是不能饮用的。这是澳大利亚珀斯大学曼博士通过实验发现的，他给几只丛狮喝海水，吃含 10% 水分的饲料，30 天后，这几只丛狮不仅体重节节增加，而且感觉良好。丛狮体长 58 厘米，尾巴长 39 厘米，头小耳大，尾巴粗，毛色赤褐。分布于澳大利亚北部和新几内亚南部灌木丛草地。面值 300 法郎及面值 1000 法郎小型张上（图 2.59）为**林袋鼠**　它体型小，毛色大多为黑灰，亦有褐色。分布于新几内亚。

兔狮　兔狮有 4 种，习性与野兔相近，但比兔子大，可长到重 20 千克，白天躲在阴凉地，一遇危险就四散逃开。生活在干燥平原地区，过去澳大利亚草原到处都有它的身影，由于肉味鲜美，很早就被人类捕杀，欧洲移民进入澳洲后，兔狮失去家园无处觅食，不得不偷食农作物，因而被当作害兽，见到就杀，其中小兔狮已于 1890 年灭绝，还剩 3 种也很稀见了。见于贝宁 2002 年邮票版张面值 400 法郎邮票（图 2.58）。

动植物近代分类系统法

动物和植物分类系统的创始人被认为是林奈（C. Linnaeus，1707—1778），1735 年他在《自然的系统》一书中将植物、动物、矿物三大界，按纲，目，属，种四个级别实现了分类的统一，用种当作分类系统的基础，认为种是彼此相像、似有共同起源的个体的总和。这一概念一直被沿用至今，他的命名、描述、鉴定及同义词基本被现今学术界接受。

三

食虫目 INSECTIVORA

你知道什么是食虫目吗？如果你爱看电视动物世界的话，有时可以碰到这样的画面，一大群像老鼠样的动物，每只嘴咬着另一只尾巴尖，首尾相连，忽而连成一个圆圈，忽而分开跑来跑去的滑稽场面，这就是属于食虫目的一类。因为它们长期生活在地底下，视力非常差，但嗅觉非常灵敏，一旦到了地面，就不知道该怎么办了，直觉告诉它们，咬住同伴的尾巴是最安全的，因为这样就不会失散。

食虫目因主要以蠕虫、昆虫和其他小动物为食而得名。这是一些大多体型很小隐藏在人们视线以外、很少露面的动物，对它们的了解大多来自影视，上个世纪七八十年代捷克斯洛伐克动画片《鼹鼠的故事》在中国广为流传，将这种住在地底下的小动物一举一动表现得非常可爱。食虫目包括约 7000 种，分为鼩鼱、鼹鼠、刺猬三大类 8 科。邮票上能见到 5 个科的代表。

1. 鼩鼱科 SORICIDAE

这是一类外形像老鼠、嘴更尖、体型更小的动物，因此是最小的哺乳动物，一般只有 5 ～ 8 厘米长，最大的臭鼩也长不过 15 厘米。除澳洲和南美，鼩鼱可以生活在任何高山、丘陵、平原、沼泽、半沙漠，甚至寒冷的苔原地带。主要吃昆虫、蚯蚓、蜗牛，也吃植物和种子，水鼩鼱还吃小鱼、虾和蝌蚪。

普通鼩鼱 如果不注意很容易把这种动物当作一只老鼠。它的体型确实很像老鼠，长只有 7 ～ 9 厘米，重 7 ～ 13 克，眼小嘴长，体毛棕褐色，耳朵特大，长锥形的头前一半长有胡须，身子肥大，还有一条长长的尾巴。但它们钻在田野花园的泥土中生活，不像老鼠那样喜欢吃谷物，而是主要吃蚯蚓、昆虫。产于欧亚大陆。保加利亚 1983 年曾发行一套 5 枚带熊猫徽的动物保护邮票，其中面值 12 斯托汀基即为该种（图 3.1）。

图 3.1

带熊猫徽的动物邮票

熊猫徽是国际野生动物保护基金会的标志。它被印在邮票上有三种状况：

（1）国际野生动物基金会正式注册赞助的邮票，从 1985 年开始，要求向该组织购买徽志版权，统一注册协调，仅批准属于发行国特有的或具代表性的濒危动物，一个国家数年内只能发行一种该类动物邮票，一般 4 枚一套。

（2）1985 年统一协调前，由各国自行发行的带熊猫徽邮票，常常一套由多种动物组成，枚数也较多。如许多西非国家 1978—1979 年发行 6 枚一套的带熊猫徽邮票，由于属前期发行，数量有限，很受欢迎，成了抢手货。

（3）熊猫徽不在邮票中，而是印在整版邮票的边纸上，成为一种特别收藏。

水鼩鼱　食虫目虽然在哺乳动物的演化上处于比较原始的位置，但也能完全适应地球上任何各种不同的生活环境，适应水中生活的是水鼩鼱。它体型小，长 7～10 厘米，重 12～19 克，嘴尖长，体毛深灰色，肚皮白色。分布于欧亚北方。蒙古 1983 年 发行了 7 枚一套的三角形啮齿动物邮票，其中面值 80 门格的是水鼩鼱（图 3.2）。其实鼩鼱不属于这套邮票名称所说的啮齿类，可以理解为这是一套外形像啮齿类的动物邮票。

图 3.2

白齿鼩鼱　广泛分布于欧、亚、非洲的一种小型尖嘴鼩鼱。圣多美和普林西比 1981 年发行过面值 0.5 多布拉的大型邮票画有这种动物（图 3.3）。

图 3.3

中亚鼩鼱，布哈拉鼩鼱　这是苏联 1985 年发

图 3.4

行的 5 枚珍贵动物邮票中面值 2 戈比（图 3.4）的一枚，长长的嘴上长有许多胡须，适应在密林里寻找食物，它的功能类似猫科动物的胡须。

俄罗斯鼩鼱，也称麝香鼠 鼩鼱是一类很不起眼的动物，很少被搬上邮票，苏联曾发行过两种鼩鼱邮票，其中一枚是 1974 年为莫斯科首届国际哺乳动物学会会议发行的，面值 4 戈比，从图 3.5 可以看出，它的鼻头是平的，好像一根管子，脚上长蹼便于划水，尾巴也进化成扁平桨状，是一种适应沼泽生活的鼩鼱。世界上有两种麝鼩，都属濒危动物，俄罗斯麝鼩是因皮毛优质被捕杀，比利牛斯鼩鼱则是因环境污染而数量大减。

图 3.5

比利牛斯鼩鼱 这是一种仅生活在法国西南和伊比利亚半岛河流沼泽的动物，脚上长蹼，鼻子也明显呈长管状。西班牙 1972 年发行 5 枚一套的伊比利亚半岛动物，面值 1 皮塞塔（图 3.6）的就是它，它还成为葡萄牙 1979 年世界野生动物基金会邮票（图 3.7）的主角。

图 3.6

图 3.7

2. 沟齿鼩科 SOLENODONTIDAE

古巴沟齿鼩，古巴鼩鼱 加勒比海的许多小岛，很少有食肉动物，因此一些原始的食虫目就用不着东躲西藏，能够得以演化出相当大的体型。这种鼩鼱约有 1 千克重，耳朵大，尾巴又硬又长，腋下和腿间能分泌浅绿色带麝香味的脂液，它经常把它涂在身体两侧，据说它的唾液是有毒的。这种动物只有晚上才出来觅食。古巴曾发行4枚鼩鼱邮票，最早是1962年比较著名15枚一套的圣诞邮票，其中一枚面值10分4联左下是古巴鼩鼱（图3.8）。1984年动物邮票中面值2分（图3.9）的也是古巴鼩鼱。古巴鼩鼱鼻子特别尖，眼睛很小。古巴1981年动物邮票中面值20分（图3.10）也是一种鼩鼱，不过眼睛较大。1982年史前动物中面值50分（图3.11）是一种史前鼩鼱（Nesophontes micrus），正咬着一条很粗的蚯蚓。

图 3.8

图 3.9

图 3.10

海地沟齿鼩 体型也颇大，体长28～33厘米，尾长22～15厘米，重0.7～1千克。鼻子尖而长，体毛粗糙，背部灰褐色，腹部较浅，白天藏在土洞或树洞里，晚上才出来活动。与古巴沟齿鼩不同的地方是耳朵和眼睛都很小。仅分布于海地西南部和多米尼加东北部，所以成为多米尼加特有受保护的濒危动物，该国1994年发行了带熊猫徽的濒危海地沟齿鼩邮票（图3.12）。

图 3.11

图 3.12

3. 跳鼩科 MACROSCELIDIDAE

南非象鼩 体型小，重 60 克，尾巴比身体长，鼻子又尖又长，耳朵大而圆，毛色灰，有白色眼圈，白天成双活动。分布于非洲南部多岩石地带。南非的博普塔茨瓦纳 1990 年发行面值 40 分的即是（图 3.13）。

沙地象鼩 体型小，重 50 克，鼻子比南非象鼩还要长，末部成为一个细管，毛色棕灰，也有一个白眼圈。分布于非洲南部干旱地带。见博茨瓦纳 1992 年发行面值 2 普拉的邮票（图 3.14）。

四趾岩跳鼩 在鼩鼱中算是体型较大的，体长 37 厘米，尾巴长 26 厘米，体重 200 克。鼻子特长而尖，眼睛大而圆，毛色灰棕，两颊有红褐色斑纹，白天和晚上都活动。分布于非洲东、中、南部灌丛和阔叶林。见于莫桑比克 1983 年发行面值 1 梅蒂卡的邮票（图 3.15）。

图 3.13

图 3.14

图 3.15

4. 猬科 ERINACEIDAE

这是一类长满刺一样的刚毛、身体肥胖、四肢短小的小动物，它的刺是从皮肤里长出来的，所以不如豪猪的刺那样粗硬，容易脱落。遇到危险就卷成一团，让猎食动物无处下口。白天躲在石缝树根，晚上才出来活动。食物以虫类为主，也吃青蛙、小鼠、小蛇。

刺猬 刺猬不像食虫目那样生活在地底下，由于是属于夜晚活动的小动物，所以在野外难得见到，可是宠物市场上却经常能见到它，虽然身上的刺较

图 3.16

粗，但也给人一种毛茸茸的感觉，以至于忍不住想去摸它，所以样子也蛮可爱的。体长 22 ～ 26 厘米，尾长 2 ～ 4 厘米，体重 0.6 ～ 1 千克。爪锐利弯曲，耳短眼小。广泛分布于欧洲和亚洲北部。许多国家都发行过刺猬邮票，如匈牙利 1953 年森林动物面值 30 海来邮票（图 3.16）、苏联 1989 年 20+10 戈比邮票（图 3.17）、瑞典 1996 年 1 克朗邮票（图 3.18）。

长脚猬　它与一般刺猬不同的特点是脚相当长。见阿尔巴尼亚 1964 年发行面值 2.5 列克的邮票（图 3.19）。

图 3.17

图 3.18

图 3.19

蒙古刺猬　蒙古 1983 年三角形动物邮票中面值 50 门格（图 3.20）。

图 3.20

北非刺猬　它的尾巴相对来说比较短，体长 14 ～ 27 厘米，体重 0.25 ～ 1.6 千克，但尾巴只有 1 ～ 5 厘米长，体毛也短，脸和腹部均为白色，这都是与普通刺猬不同的地方。分布在北非和西南欧。见突尼斯 1968—1969 年动物邮票中面值 25 密尔那枚（图 3.21）。

南非刺猬　体重 0.24 ～ 0.8 千克，尾巴短，只有 2 厘米。最主要的特征是从额部向两侧有一条由白色毛组成的斑纹。这一特点从南非 1993—1995 年濒危物种邮票中面值 20 分邮票上可以看得很清楚（图 3.22）。

长耳猬，大耳猬　以耳朵又长又大为特征，这在刺猬中是很少见的。晚上单独活动，有冬眠习惯。分布于中国新疆、内蒙古，巴基斯坦，中亚，北非的荒漠、半荒漠地区。乌克兰 1997 年野生动物小版张左下角即是它的形象（图 3.23）。

图 3.21

图 3.22

图 3.23

5. 马岛猬科，也称无尾猬科 TENRECIDAE

其实并非完全没有尾巴，只是尾巴极短而已。

毛里求斯无尾猬 体长 25 ～ 39 厘米，尾巴很短，只有 1 厘米，体重 0.5 ～ 1.5 千克。耳短眼小，身体黄褐色，除脸和腹部全身有可以竖立起来的长刺毛。仅分布在马达加斯加及周围的科摩多岛、毛里求斯岛。见毛里求斯 2001 年发行面值 10 卢比的邮票（图 3.24）。

图 3.24

图 3.25

马来无尾猬，大鼠猬 刺毛黑色，头顶和背中脊有长而密的白毛。见马来西亚 2008 年发行面值 30 分邮票（图 3.25）。

四

贫齿目 EDENTATA

包含没有牙齿或牙齿很少的生活在南美洲的犰狳、树懒、食蚁兽三类动物。

1. 犰狳科 DASYPODIDAE

这是一类全身被骨质鳞片盔甲覆盖奇特的动物，仅只分布在中、南美。根据动物学家的研究，犰狳是哺乳动物中防御方法最完备的动物之一，主要手段是一逃二堵三伪装。有人这样描述犰狳的打洞本领："它打洞的速度非常地快，如果骑在马上看见它，而在跳下马背时，它已经钻到土里去了"。堵就是它逃入土洞时，用尾部盾甲紧紧堵住洞口，让你伤害不得。伪装指遇到敌人时，就蜷缩成一个铁甲球，食肉动物休想伤它一根毫毛，当地印第安小孩用它当足球踢，也不松动丝毫。因骨片性质的不同身体被分成三段，前段和后段的骨片结成整体不能伸缩，只有中段分成可以自由伸缩的绊，绊的多少成为进一步划分属的依据。

六绊犰狳 以中段具6排绊为特征。体长0.4～0.5米，尾长0.2～0.25米，重3.5～4.5千克。身体黑褐色。见于圭亚那1981年面值30分自然保护邮票（图4.1），这套邮票以后曾两次被加盖使用。

图 4.1

七绊犰狳 以中段具7排绊为特征。身体灰褐色。见玻利维亚1987年邮票（图4.2）。

九绊犰狳 以中段具9排绊为特征。体长

图 4.2

图 4.3

图 4.4

图 4.5

0.32 ～ 0.43 米，重 3.6 ～ 6.7 千克。身体黑褐色。是 20 种犰狳中分布范围最靠北的一种，它最特别的地方是每次都生四胞胎，要么全是雄的，要么全是雌的。格林纳达 1969 年普通邮票面值 35 分即是（图 4.3）。

大犰狳，巨犰狳　在犰狳中是体型最大的，长 0.75 ～ 1 米，重 45 ～ 60 千克，身体黑褐色，简直跟个猪差不多。见于巴拉圭 1992 年南美动物邮票（图 4.4）和法国 1975 年面值 0.65 法郎（图 4.5）。

2. 树懒科 BRADYPODIDAE

仅只生活在中、南美热带雨林中。树懒终身倒挂在树上活动，行动非常缓慢，以致藻类和地衣都把它当作不动的树干或石头生长在它的毛皮上，靠它身上排出的蒸汽和二氧化碳滋生，除为树懒提供伪装外，还给甲虫、蛾子、虱子等提供生活环境，形成一种奇特的共生关系。树懒肌肉激应持久性比多数哺乳动物都要强，使它成为受伤后最不容易死亡的动物。但它的弱点是对温度要求很严，体温一般保持在 32 摄氏度最宜生存，只要在 35 ～ 40 摄氏度阳光下直晒片刻就足以致命，当然低了更不行。这类动物以脚趾的多少来分种。

图 4.6

二趾树懒　在圭亚那 1981 年面值 30 分动物邮票（图 4.6），格恩济 1989 年保护大自然热带雨林 5 连动物邮票上（图 4.7），都能看到它 2 个粗壮弯曲的趾。

三趾树懒 见于哥伦比亚 1960 年德国自然科学家洪堡逝世百年邮票上（图 4.8）。

图 4.7

图 4.8

3. 食蚁兽科 MYRMECOPHAGIDAE

食蚁兽也只生长在中、南美，专吃白蚁和黑蚁，已经特化的嘴变成细长管状，高度发达的下颌唾液腺能源源不断地分泌黏液，由细线状的舌头伸进蚁洞粘出蚂蚁。一天要吃上万只蚂蚁，曾发现一只未成年食蚁兽肚子里，有 1 磅重蚁类和幼虫。

大食蚁兽 体型较大，长 1 ～ 1.3 米，尾长 0.7 ～ 0.9 米，像个蓬松的大扫帚，由于一天要露天睡 16 个小时，这条大尾巴可以当毛毯盖在身上，所以是很有用的。体重 18 ～ 23 千克。它的身体机能还带有爬行动物的特征，体温达到 28 摄氏度时才比较活跃，低于 15 摄氏度和高于 40 摄氏度就会懒散地待着不动，所以是白天活动。雌食蚁兽除了正常生育一只幼兽外，在体内还储存了一个胚胎，一旦生活环境好，还可再生一只。由于是用前爪背着地，一小时只能走 700 米，喜欢游泳，不会爬树，每天能吃 30000 只蚂蚁。见巴西 1988 年 3 全动物面值 20 克鲁赛（图 4.9），圭亚那 1981 年（一只母兽驮了两只幼兽）面值 30 分邮票（图 4.10）。

小食蚁兽 体型只有大食蚁兽的三分之一，尾巴可以卷曲，以便爬树时缠绕。见巴拉圭 1972 年面值 0.1 瓜拉尼动物邮票（图 4.11）和伯利兹 1968 年面值 4 分动物邮票（图 4.12）。**奇里昆小食蚁兽** 见哥斯达黎加 1963 年三角形动

图 4.9

图 4.10

图 4.11

图 4.12

图 4.13

图 4.14

物邮票（图 4.13）。

墨西哥食蚁兽 体长和尾长均为 0.6 米，体毛灰黑色杂有棕褐色，尾长具有缠绕性，适应热带雨林树上生活。见伯利兹 1989 年本地动物邮票（图 4.14）。

图 4.15

二趾食蚁兽 身体非常小，体长仅 15 ～ 18 厘米，尾长 18 ～ 20 厘米，毛色黄褐，尾长有缠绕性。前脚 2 趾，后脚 4 趾，还有一个与其他趾相对的蹈趾。巴拿马 1996 年濒危动物邮票之一（图 4.15）。

动物命名双名法

植物的双名法，早在 16 世纪末 17 世纪初瑞士植物学家中就已出现，后来做了一些改进。18 世纪林奈（C. Linnaeus，1707—1778）根据朱西厄（B.de Jussieu，1699—1777）的提议，前面属名用名词大写，后面种名用形容词小写，二者的性别要一致，并统一采用拉丁文，这就改变了使用各国语言引起的混乱。林奈首先用于 1753 年的《植物的种》，1758 年在《自然的系统》第 10 版应用于动物。所有的动植物大家都按这一规则，只用 2 个单词就简单明了地被科学定名了，完整的写法是后面再加第三个单词定种人名。

依照命名优先的原则，如果发生定名相同的事，以发表时间为准，后发表的就会被废弃，以后有人再记述这个种时，在同义名表中可以按文献的发表时间先后顺序开列，该种的定名状况就一目了然了。属和种名如果相同，第三个词定种人名肯定不同，也可判断出二者所指并非同一物种，相同种名往后也会被别人或者自己修改列入同义名。

五

鳞甲目 PHOLIDOTA

鲮鲤科 MANIDAE

鲮鲤也是专吃白蚁和黑蚁的动物，不过只生长在亚洲和非洲。全身布满菱形角质盔甲，遇到危险就会将身体抱成一团，盔甲就派上了保护的用场。

图 5.1

中国鲮鲤，穿山甲　属于该科体型较大者，长 0.4 ～ 0.55 米，尾长 0.3 米左右，体重 2.2 ～ 3.7 千克。鳞甲黑褐或灰褐色。善于挖洞穴居，性情温顺，晚上才出来活动。分布在东南亚山地森林。模式亚种产于中国台湾，中国澳门 1995 年发行保护自然邮票 4 枚（图 5.1），穿山甲成为澳门具有代表性的濒危动物。

爪哇鲮鲤　与中国鲮鲤颇为相似，但是没有外耳。见越南 1965 年动物邮票（图 5.2）和马来西亚 1979 年面值 75 邮票（图 5.3）。

图 5.2

菲律宾鲮鲤　产于菲律宾岛上的地方种，头较短而尖。菲律宾 1973 年本地动物邮票面值 5

图 5.3

图 5.4

图 5.5

比索即是（图 5.4）。

印度鲮鲤 也是没有外耳的。见孟加拉 1991 年面值 10 塔卡邮票（图 5.5）。

巨鲮鲤 以体型巨大为特征。见莫桑比克 1977 年面值 1.5 埃邮票（图 5.6）和几内亚 1995 年面值 500 法郎邮票（图 5.7）。

图 5.6

图 5.7

树鲮鲤 体长 0.35 ～ 0.45 米，尾长 0.5 米，善爬树，生长在西非森林中，晚上才出来活动。木尼河（今赤道几内亚）1966 年（图 5.8）发行过。

图 5.8

图 5.9

南非鲮鲤 体长 1 米，重 1.8 千克。产于非洲的大部分地区。见赞比亚 1975 年面值 10 恩维邮票（图 5.9）。

六

管齿目 TUBULIDENTATA

土豚科 ORYCTEROPODIDAE

土豚是长嘴长耳样子有点像猪的古怪动物，特化成细管状咀和细长的舌头也专为吃白蚁。生活在非洲撒哈拉大沙漠以南的丘陵半草原地带，白天睡觉晚上出来活动，听觉极为发达，能听到地下白蚁的活动，一听到异常动静马上就挖洞而入。

土豚 体长 1 ～ 1.6 米，尾长 0.5 米左右，体重 50 ～ 70 千克。体毛红色。加纳 1990 年动物邮票上有土豚的模样（图 6.1）。土豚东非亚种 见肯尼亚 1966 年面值 15 分邮票（图 6.2）和斯威士兰面值 1 埃动物邮票（图 6.3）。

图 6.1

图 6.2

图 6.3

七

皮翼目
DERMOPTERA

又称鼯猴类，仅 1 科 2 种。

鼯猴科 CYNOCEPHALIDAE

图 7.1

鼯猴是头像狗，头骨和牙齿像狐猴，身体大小像鼯鼠，有能飞的皮翼又像蝙蝠，因此是外形介于鼯鼠、蝙蝠和狐猴之间的动物。分布在东南亚的热带丛林里，可以在树之间滑行 60 ～ 70 米。

斑鼯猴 体长 34 ～ 42 厘米，尾长 22 ～ 27 厘米，体重 1 千克左右。体毛暗灰褐色，杂有白色斑点。白天在树洞或树枝上倒挂休息，晚上才出来活动，善于攀爬滑翔。分布于东南亚热带雨林。老挝 1993 年动物邮票中面值 60 基普那枚所标拉丁文是菲律宾鼯猴，其实应是斑鼯猴（图 7.1）。

图 7.2

菲律宾鼯猴 体型比斑鼯猴稍大，身上白色斑点稀少或不明显。仅分布于菲律宾热带雨林。菲律宾 1995 年本土动物小全张面值 8 比索左面一枚鼯猴身上很难看出白色斑点，标示 *Cynocephalus volans* 是正确的（图 7.2）。

八

翼手目
CHIROPTERA

蝙蝠是哺乳类中古老而进化十分特殊的一支，古新世由一种树栖的食虫目发展成会飞的动物而成，二者骨骼非常相似，如果没有发现能飞的前肢时都难以分辨。蝙蝠都有不同程度的回声定位系统，有活雷达之称，使它能在完全黑暗的环境下捕捉昆虫。它的口鼻部上方有鼻状叶，周围还有很复杂的皮肤皱褶，能连续不断发出高频超声波，碰到障碍物或飞舞的昆虫，就会反射回来，被它的大耳朵接收，由大脑分析后，做出回避或追捕的反应。其灵敏度和自动化程度比最好的现代化预警机还要高。

蝙蝠是哺乳类中仅次于啮齿类的第二大群，除两极和某些海岛外几乎遍布全球，尤其热带、亚热带种类和数量最多。有许多不同的复杂分类方法，有的只将狐蝠列入大型亚目，其他均归入小型亚目，又划分许多超科和科，约有 19 科 185 属 962 种。邮票上出现的蝙蝠种类有限，只有少数几科，但却有几套专门为蝙蝠发行的大套邮票。

越南 2000 年发行 5 枚一套的蝙蝠邮票其中三枚属于狐蝠科，面值 400 盾为**李氏果蝠**（图 8.1），面值 6000 盾为**原夜蝠**（图 8.2），面值 11000 盾为**犬蝠**（图 8.3）。另一枚面值 400 盾的**丑角蝠**属于蝙蝠科（图 8.4），

图 8.1

图 8.2

图 8.3

图 8.4

图 8.5

面值 2000 盾的**奇异菊头蝠**属于菊头蝠科（图 8.5）。

1. 狐蝠科 PTEROPIDAE

狐蝠属于大型蝙蝠类，两翼展开可达 1 米多，因面孔形态像狐狸而得名，以吃水果为主，所以又叫果蝠。有 60 多种分布在亚、澳、非洲。

台湾狐蝠　琉球狐蝠的一个亚种。没有尾巴，体毛黑褐色。见于中国台湾 1992 年濒临绝灭动物面值 5 元邮票（图 8.6）。**日本狐蝠**　见日本 1974 年自然保护一组哺乳动物 4 枚中一枚（图 8.7）。**飞狐蝠**　分布于中印半岛、泰马、印尼、菲律宾。见于马来西亚 2008 年面值 1 元动物邮票（图 8.8）。**马来飞狐蝠**　马来西亚 1978 年动物普通邮票面值 40 分那枚（图 8.9）。

图 8.6

图 8.7

图 8.8

图 8.9

黑冠果蝠　老挝 1999 年夜间活动动物邮票中面值最高 2800 基普那枚（图 8.10）。**长舌果蝠**　加纳 1993 年动物邮票中面值 800 塞地即是（图 8.11）。**草**

图 8.10

图 8.11

图 8.12

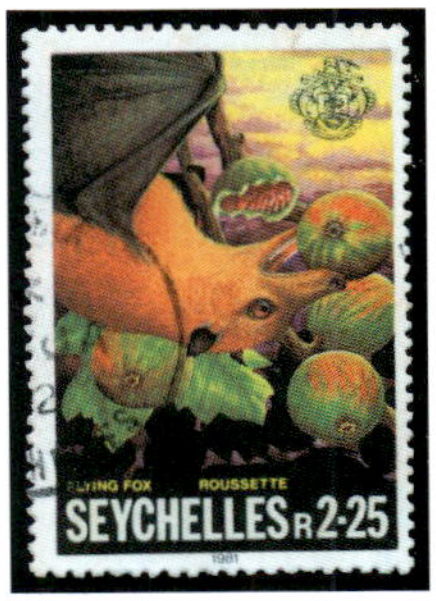

图 8.13

色果蝠　体型大，长 19 厘米，体重 240 ～ 280 克，没有尾巴，背肩草黄色，群体可达 2 万只。分布于非洲至马达加斯加及阿拉伯半岛南部。莫桑比克 1983 年动物邮票面值 16 梅蒂卡即是（图 8.12）。**棕果蝠**　塞舌尔 1981 年发行的面值 2.25 卢比的邮票（图 8.13）。

南非 2001 年发行了一套南非蝙蝠不干胶版张票（图 8.14），非常华丽，包含 10 枚面值 1.4 兰特的邮票，它们分别是：①**南非菊头蝠**；②**瓦氏肩章果蝠**；③**埃及果蝠**；④**北非皱唇蝠**；⑤**魏氏鼠耳蝠**；⑥**非洲三叶鼻蝠**；⑦**温氏长耳蝠**；⑧ **普通长翼蝠**；⑨**非洲凹脸蝠**属裂颜蝠科；⑩**非洲大耳犬吻蝠**。

图 8.14

坦桑尼亚 1995 年发行 7 枚一套的蝙蝠邮票，其中面值 70 先令是**犬吻蝠**（图 8.15），面值 100 先令是**畸形高牙蝠**（图 8.16），面值 150 先令是**马铁菊头蝠**（图 8.17），面值200先令是**无花果蝠**（图8.18），

图 8.15

图 8.16

图 8.17

图 8.18

图 8.19

面值 180（图 8.19）和 260 先令（图 8.20）是**兔蝠**，也叫**大耳蝠**，面值 380 先令是**非洲大耳犬吻蝠**，属犬吻蝠科（图 8.21），分布于非洲东部和南部。

赞比亚 1989 年发行 4 枚一套的蝙蝠邮票，面值 0.5 克瓦查是**非洲凹脸蝠**（图 8.22），面值 2.5 克瓦查是**侏儒皱唇蝠**（图 8.23），面值 2.85 克瓦查是**希氏菊头蝠**（图 8.24），面值 10 克瓦查是**瓦氏肩章果蝠**（图 8.25）。

图 8.20

图 8.21

图 8.22

图 8.23

图 8.24

图 8.25

贝宁 2002 年发行一套包括 6 枚邮票的小版张（图 8.26）和一枚小型张（图 8.27）的蝙蝠邮票，其中面值 135 法郎为**筑幕蝠**，分布于从墨西哥南部到中

图 8.26

美、南美一带。面值150法郎为**牙买加新热带果蝠**，分布于墨西哥至巴西以至安第斯地区。面值200法郎为**孢舌蝠**，分布于墨西哥至阿根廷及牙买加、巴哈马岛。面值270法郎为**鬼魑蝠**，属叶口蝠，是当今世界体形最大的蝙蝠，体长12.5～132.5厘米，展翼宽76.2～91.4厘米，体重145～190克，分布于墨西哥至巴西及牙买加岛。

图 8.27

2. 吸血蝠科 DESMODONTIDAE

图8.26中面值300法郎和图8.27面值1000法郎小型张即是**吸血蝠**，吸血的饮食习惯使这种蝙蝠臭名昭著，它通常是吸鸟、马或牛的血，文学作品中把它描写得神秘而毛骨悚然，其实它难得见到吸人血的，它的危害在于可传播狂犬病。在长期的进化过程中，吸血蝠的生理系统靠吸血维持自身代谢，不再摄取其他食物，如果60个小时没有补充血源，就无法维持体温，体重也减少四分之一。当面临饥饿危险时，它们还有罕见的群体互援行为，用血液反哺来增大群体的生存机会。吸血蝠每次的吸血量约50克，相当自身重量二分之一，一天要吸好几次。图8.26中面值400法郎为**泊氏叶蝠**，属叶口蝠科。

3. 菊头蝠科 RHINOLOPHIDAE

马铁菊头蝠 是保加利亚具有代表性的濒危物种。菊头蝠约有70种，鼻

图 8.28

图 8.29

叶布满好像菊花一样结构复杂的无毛皮肤皱褶，用以收集声音脉冲信号，体毛黑褐色。与大多数捕食昆虫的蝙蝠不同的地方，有时它还俯冲捕捉地面猎物。广泛分布于欧洲、北非、西亚、中亚。保加利亚1983年和1989年发行的邮票中都有它（图8.28、图8.29），也见于坦桑尼亚邮票上（图8.17）。**希氏菊头蝠**　见赞比亚邮票（图8.24）。**南非菊头蝠**　背部暗褐色，腹部较浅，分布在南非的稀树草原地带，以昆虫为食。见南非2001年蝙蝠小全张之一（图8.14）。

图 8.30

4. 蹄蝠科 HIPPOSIDEROS

叶鼻蝠　属蹄蝠科，该属多达45种，体形小至中，长3.5～11厘米，尾长1.8～7厘米，分布于非洲中部至东部。叶鼻蝠长着宽大的耳朵，鼻子很像树叶。圣多美1981年动物邮票上面值7迪姆即是（图8.30）。

图 8.31

5. 叶口蝠科 PHYLLOSTOMIDAE

单叶长舌蝠　见于古巴1962年圣诞节邮票（图8.31）。

图 8.32

6. 蝙蝠科 VESPERTILIONIDAE

兔蝠，大耳蝠　耳朵像兔子又长又大，顶端是圆的，体长5厘米，尾巴长5厘米，体重7克，毛色灰褐。分布于欧亚地区。民主德国1962年动物邮票面值40芬尼邮票（图8.32）、保加利亚

图 8.33

图 8.34

图 8.35

1983年面值20斯托汀基邮票（图8.33），捷克斯洛伐克1990年受保护的动物面值5克朗邮票（图8.34）即是。

大鼠耳蝠 耳朵又长又大，但顶端是尖的，体长7～8厘米，毛色黑褐，腹部白色。保加利亚1989年世界野生动物基金会邮票中中面值30斯托汀基即是（图8.35）。

山蝠 体长7～8厘米，尾巴长4～5厘米，重18～48克，耳朵短而宽，眼睛大而圆，体毛棕褐色。分布在欧洲、东亚至东南亚的山区地带，以昆虫为食。见立陶宛1994年面值20分邮票（图8.36）。

图 8.36

花尾蝠，斑点蝠 体长6～7厘米，尾巴长5～6厘米，体重15～22克，耳朵宽而圆，体毛黑色，背部有3个白色斑块。分布于美国西部和墨西哥森林地带。

苍白洞蝠 体长6～8厘米，尾巴长4～5厘米，体重14～24克，体毛褐色。分布于北美西部森林地带。见美国2002年面值37分蝙蝠邮票（图8.37、图8.38）。

图 8.37

图 8.38

大型小手蝠 毛色黄褐，耳朵又大又长，鼻头长刺状。见格林纳丁斯面值6元型张边纸左下角（图18.94）。

九

啮齿目 RODENTIA

啮齿目动物无论种类和数量都是地球上最多的哺乳动物，占种数的 40% 以上。几乎能适应地球上森林、沙漠、湿地、天空等任何环境，繁殖力极强，因此是生物演化上最成功的一类。最小的如巢鼠体重仅几克，最大的如豚鼠 50 千克以上。它们都有一对门牙，由于不停地生长，所以需要不停的啃咬硬物来磨损。可分为 33 科，约有 1800 多种。

1. 松鼠科 SCIURIDAE

松鼠 体长 20 ～ 24 厘米，尾长 18 ～ 21 厘米，体重 260 ～ 445 克。毛色黑褐，四肢内侧白色，有个蓬松的大尾巴，样子非常可爱。爪子尖利，使它们能在树上生活行走如飞。模式亚种产于欧洲，有 50 多种数十亚种分布于亚洲东部及美洲，作为松鼠类亚科还分 30 个属。松鼠用尾巴当作交际工具来传递信息，北美灰松鼠在合力对付蛇时，尾巴猛挥三下，表示总攻开始。许多国家都发行过松鼠邮票，如挪威 1989 年面值 4 克朗邮票（图 9.1）、瑞典 1992 年 6 克朗邮票（图 9.2）、贝宁 2002 年 6 枚松鼠类邮票（图 9.3）中 400 法郎那枚和小型张（图 9.4）。

图 9.1

图 9.2

红腹松鼠 毛色尤其腹部偏红的亚种。见蒙古 1983 年三角形动物邮票中面值 40 蒙格邮票（图 9.5）。**北美灰松鼠** 与普通松鼠大小差不多，但背部毛色灰，杂有红褐色，的纳米布沙漠地带，它有两种方法对付高温，一是用毛茸茸的大尾巴翘起来遮盖整个背部，好像打了一把遮阳伞，二是用有力的四肢挖个浅坑，用肚皮贴住新挖出的地面，这里比直接暴晒处温度要低一些。博茨瓦纳1992年动物邮票中面值25西比即是（图9.13）。

图 9.13

丛林松鼠 体毛褐色，颊部较浅黄白色，尾巴长，有2～3个环纹。分布于非洲稀树草原。见西班牙属地伊夫尼1955年动物邮票（图9.14）。**文森特林松鼠** 见莫桑比克1983年动物邮票中面值4梅蒂卡那枚（图9.15）。

图 9.14

图 9.15

图 9.16

西非松鼠，非洲棕榈松鼠 见科特迪瓦1978年动物邮票面值100法郎那枚（图9.16）。

黑松鼠 体长27～46厘米，尾部长36～51厘米，重1.3～2.3千克。头部短小，从鼻梁到背部、尾巴和四肢外侧乌黑，下颌到四肢内侧橙黄色，分布于我国华南和东南亚。泰国1991年动物邮票中面值8泰铢（图9.17）、贝宁2002年面值270法郎（图9.3）即是。**岩松鼠** 全身深棕至黑棕，腹面白色。见贝宁2002年面值300法郎邮票（图9.3）。**亚洲棕榈松鼠** 体长与尾巴等长11.5～17.8厘米，全身褐色，背上纵贯三条黑棕色宽条带。分布于印度南部和斯里兰卡。见贝宁2002年面值150法郎邮票（图9.3）。

阿尔卑斯土拨鼠，旱獭 体长45～58厘米，尾巴长14～20厘米，重3～6千克。冬眠时间长达9个月，所以总是把自己身体吃得又肥又壮充满脂肪，耳朵短小，背部棕黄色，有褐色斑。在北半球分布有10种旱獭，该种分布于欧洲中

图 9.17

图 9.18

部、东部，亚洲中部的草原地带。见波兰环境保护邮票面值 65 兹罗提那枚（图 9.18）。

不丹旱獭 分布在喜马拉雅山一带，向北可以到我国甘肃，也叫**喜马拉雅旱獭**。它是海拔 2500 ～ 5200 米高山草原的代表动物，一般森林、荒漠和半荒漠地带见不到它。它们的生活和生活区被安排得井井有条，通常一个家族占据一组洞群，这些洞道、洞巢构造极为复杂，工程浩大，就像一个地下宫殿。相邻家族的洞穴之间都有通道相连。夏秋时节，一天的大部分时间就是吃草，冬眠前身上积累的脂肪可达 1.5 ～ 2 千克。冬眠的时候，用湿泥、干草、粪便从里面堵住洞口，身体只保留缓慢的心跳，全身几乎失去知觉。不丹曾发行邮票版张，其中一枚便有它的形象（图 9.19）。

图 9.19

梅兹比尔旱獭 见苏联 1987 年珍贵哺乳动物中面值 5 戈比那枚（图 9.20）。**温哥华土拨鼠** 分布在北美。加拿大 1981 年动物邮票面值 17 分即是（图 9.21）。

图 9.20

图 9.21

黑尾草原犬鼠 北美中西部大平原的草原犬鼠，身体肥壮，耳朵短小，本种体型居中，体重 0.6 ～ 1.5 千克，体毛灰褐，尾巴末端黑色，与另两种尾巴末端白色相区别。家族群体挖洞穴居，白天活动。美国大自然系列 3 邮票版张，正中央即是该种（图 9.22）。

图 9.22

黄鼠 体长16～23厘米，尾巴长4～8厘米，重150～260克。背面沙黄色，杂有黑褐色，尾巴中央黑色，边缘黄色，眼周有白圈。北美西部、东欧、中亚大草原生活着几十种黄鼠，该种分布于从欧洲中部至亚洲北部的广大草原地带。捷克1996年鼠类邮票版张面值6克朗那枚（图9.23）。

图 9.23

2. 鼯鼠科 PETAURISTIDAE

这是四肢间演化出皮膜，适应在树间做长距离滑翔，具有特殊能力的一类松鼠。

飞鼠 体型小，眼大耳朵小，全身毛色灰白。为爱沙尼亚特有濒危动物，1994年发行4全带熊猫徽邮票（图9.24）。**北美飞鼠** 体型小，尾巴稍比体长短，体重75～140克，毛色暗灰，前后肢之间有皮膜。见于加拿大面值1分普通邮票（图9.25）。

图 9.24

图 9.25

图 9.26

普通鼯鼠，大飞鼠　全身毛色黄褐，背中脊稍浅，尾巴长可在飞行时保持平衡。孟加拉 1991 年野生动物面值 2 塔卡邮票（图 9.26）、老挝 1965 年面值 55 基普邮票（图 9.27）即是。**棕鼯鼠**　全身毛背面深棕褐色，腹面褐黄，鼻子和胸部黄白色。越南 1965 年动物邮票面值 20 分（图 9.28）。**红白鼯鼠，白面鼯鼠**　体型大，体长 35～60 厘米，尾巴长 40～50 厘米，体重 2 千克，毛色红，面部和腹部白色，眼圈红褐色。分布于中国西南地区和台湾省，缅甸、泰国和印度东北部。见 1971 年中国台湾兽类邮票中面值 2 元那枚（图 9.29）。

图 9.27

图 9.28

图 9.29

3. 鳞尾松鼠科 ANOMALURIDAE

图 9.30

法氏鳞尾松鼠　尾巴近身体一半裸露无毛，后一半才有毛。见于费尔南多波（今赤道几内亚）1967 年面值 3.5 皮塞塔邮票（图 9.30）。

4. 睡鼠科 GLIRIDAE

肥睡鼠　体长 11～15 厘米，尾巴稍长 13～19 厘米，重 70～190 克，有蓬松长毛像松鼠。因每年要冬眠几个月而得名。背面灰色，杂有黑色，腹部白色。分布在除北欧以外的欧洲和亚洲西部。拉脱维亚 1994 年发行

图 9.31

图 9.32

图 9.33

的邮票（图9.31）和保加利亚1983年面值42斯托汀基邮票（图9.32）上有其形象。

榛睡鼠，普通睡鼠 体长6～9厘米，尾长与体长相当，体重15～40克，毛色棕灰，腹面白色，大部分时间处于睡眠状态。分布于欧洲各地。见瑞典1985年自然保护面值2克朗邮票（图9.33）、朝鲜2007鼠年8枚邮票小全张面值12元（图9.34）即是。

图 9.34

林睡鼠，东欧睡鼠 善于在树杈处用植物枝叶搭成悬窝居住，所以叫林睡鼠，白天睡觉晚上才出来觅食，体长8～10厘米，尾长与体长相等，有蓬松的长毛。背部棕灰色，腹部白色。分布在东欧、中欧、南欧及亚洲中部的中、低山谷地带。见乌兹别克1993年动物邮票面值10卢布邮票（图9.35）和保加利亚1983年面值30斯托汀基邮票（图9.36）。

图 9.35

图 9.36

田园睡鼠 身体较小，与林睡鼠相当，但背面较深为棕褐色，眼圈、耳朵上下均为黑色，尾巴中间有黑斑，末端为白色。见捷克 1996 年面值 3.6 克朗邮票（图 9.23）、朝鲜 2007 鼠年邮票版张中面值 80 元邮票（图 9.34）。

5．荒漠睡鼠科 SELEVINIDAE

图 9.37

图 9.38

荒漠睡鼠 见乌克兰 2001 年面值 1 哈拉夫尼邮票（图 9.37）。

月鼠 见哈萨克斯坦 1993 年野生动物面值 5 卢布邮票（图 9.38）。

6．异睡鼠科 HETEROMYIDAE

奥氏更格卢鼠 体长 9～24 厘米，尾巴很长达 12～13 厘米，重 52 克。背面棕褐色，腹部白色，大眼长腿跳跃前进，眼睛上边缘有白斑。世界上有 20 多种更格卢鼠，美国东南部有 10 种。该种分布在北美西部，从加拿大到墨西哥的广大草原灌木丛地带，善于挖洞，以植物种子为食。美国 2000 年大自然邮票版张右下角有其形象（图 9.22）。

7．囊鼠科 GEOMYIDAE

平原囊鼠 体长 17～21 厘米，尾巴长 6～12 厘米，体重 120～250 克。背面浅褐至深褐以至黑色，腹部灰至灰黄色。分布在美国中部草原农田地带，单独活动，以植物根、茎、叶为食。美国 2000 年大自然邮票版张左下角那枚即是（图 9.22）。

8．跳鼠科 DIPODIDAE

跳鼠一般后腿比前腿粗壮好几倍，一下就能跳出好几米，而不用四肢奔跑。为适应北非和亚洲干旱地区生活，白天躲在洞里，连洞口也堵起来，晚上才出来活动，跳鼠靠食物获取水分，几乎终身都不需要喝水。

图 9.39

大耳跳鼠　体小，长仅 8 ～ 10 厘米，耳朵特别大，超过体长 1/2，所以听觉特别好。尾巴约为体长的 2 倍，尾巴末端有一撮毛叫做尾穗，尾穗发达，跳跃时用于平衡身体。生活在戈壁荒漠，白天钻洞穴居，夜晚出来觅食，食性很杂，有冬眠的习惯。蒙古 1983 年三角形啮齿动物中面值 30 蒙戈即是（图 9.39）。

五趾跳鼠　后足有 5 个趾，体型略大，长 13 ～ 18 厘米，尾巴长 20 厘米，由黑色环斑，末端白色，体重 90 ～ 140 克。耳朵大，长 3 ～ 5 厘米，背部深棕黄色。分布在俄罗斯、中亚、中国北方。生活在山地平原、荒漠及草原。杂食，既吃地面绿色植物，也吃地下草根，还能吃大量蝗虫。单独洞栖，有冬眠习惯。见苏联 1985 年珍贵动物中面值 3 戈比邮票（图 9.40）。

巨跳鼠　是五趾跳鼠中个体最大的一种，一般体长 20 厘米，尾长 25 厘米，背部深棕黑色。在荒漠平原杂食单独穴居。见贝宁 2003 年面值 250 法郎邮票（图 9.41）。

图 9.40

图 9.41

9. 跳兔科 PEDETIDAE

跳兔　尾巴比身体略长，为 37 ～ 47 厘米，体重 3 ～ 4 千克，毛色黄褐至棕褐，腹部白色。分布于非洲东部至南部。见博茨瓦纳 1992 年面值 2 西比邮票（图 9.42）、朝鲜 2007 鼠年邮票版张中面值 40 元那枚（图 9.34）。

图 9.42

10. 仓鼠科 CRISETIDAE

原仓鼠　体长 20 ～ 26 厘米，尾巴长 3 ～ 6 厘

图 9.43

图 9.44

米。部浅黄褐色，腹侧、四肢内侧黑色，体侧前方各有三块白或土黄色斑，四肢也是白色。分布于欧洲至中亚及中国新疆荒漠地带。贝宁 2002 年发行一套小型动物邮票版张（图 9.43），大多是其他国家邮票上较少出现的鼠类，面值 200 法郎和面值 1000 法郎型张（图 9.44）即原仓鼠。135 法郎为**亚利桑那棉鼠**　体型中等，尾长与体长相近，体长 11 ～ 19 厘米，体重 125 ～ 210 克。毛色暗灰褐，腹面茶黄。分布于美国西南至墨西哥西北草地农田。150 法郎为**金色亚仓鼠**　体毛金黄色，腹面白色，尾巴很短。

欧鼾　体长 9 ～ 11 厘米，尾巴长 5 ～ 7 厘米，重 18 ～ 35 克。背部红褐色，腹部灰黄。分布于欧洲、中亚和中国新疆河岸灌丛地带，善于游泳、爬树、潜水，见贝宁 2002 年 250 法郎邮票（图 9.45）。

假衣囊鼠　体长 30 ～ 35 厘米，尾长 22 ～ 24 厘米，体重 1 ～ 1.3 千克，背毛暗褐至浅灰褐，眼睛大，耳朵又大又圆。分布于马达加斯加森林地带。见

图 9.45

图 9.46

图 9.47

朝鲜 2007 鼠年邮票版张中面值 20 元那枚（图 9.34）。

麝鼠 体长 23 ～ 35 厘米，尾部长 20 ～ 28 厘米，重 0.4 ～ 1 千克，最大的可达 2 千克。体毛棕至暗褐色。原仅分布于北美，后引入欧亚广大河湖沼泽地带。有蹼的后爪和扁平的尾巴适应游泳，以水生植物为食。蒙古 1959 年发行面值 15 蒙戈三角形邮票即是（图 9.46）和贝宁 2002 年 250 法郎邮票（图 9.47）。

11．田鼠科 MICROTIDAE

麦鼠、巢鼠 它的窝很有趣，以生活在麦田用草编织成网球大小的巢而得名，这种巢吊在离地面 10 厘米的草秆之间，又保暖又能防肉食动物袭击。见于蒙古 1983 年三角形啮齿动物面值 60 蒙戈邮票（图 9.48）、朝鲜 2007 鼠年邮票版张中面值 102 元邮票（图 9.34）。

旅鼠 这种神秘的鼠类，在神话传说中有旅鼠集体投海自杀的故事，其实它们在食物充足时能够大量繁殖，食物耗尽时，为追寻食物而进行大群迁徙，在北欧这种狭小的地方，迁徙时很容易碰到湖泊或海洋，于是就变成了好像是专门在进行有预谋的集体投海自杀。经大量饿死淹死后数量又恢复到原来水平，所以称为旅鼠。体型小尾巴短，分布于欧洲和北美北极圈的苔原冻土带，瑞典 1.9 克朗（图 9.49）、格陵兰 1994 年面值 7.25 克朗本地动物邮票即是（图 9.50）。

旅鼠自杀之谜

因纽特人称旅鼠是来自天空的动物，斯坎迪纳维亚农民称其为天鼠，这是

图 9.48

图 9.49

图 9.50

因为丰年它们数量大增，就像天兵天将突然从天而降。一旦达到一定密度如一公顷几百只，几乎所有的旅鼠突然变得焦躁不安，停止进食，不再胆小，毛色甚至由隐蔽的灰黑变为目标鲜明的橘红色，以便吸引天敌的注意。有科学家发现，种群数量急剧增加，引起体内化学和内分泌系统发生变化，引发集体自杀，误入大海溺死。另一些科学家认为，只有北欧挪威的旅鼠有这种现象，北美、俄罗斯、蒙古的旅鼠未发现这种情况。因此是生物界的难解之谜。

而有的科学家认为自杀的故事是编造的，只不过是判断失误。旅鼠就好比是哺乳动物中的蝗虫，数量太多就会把栖息地啃得一毛不剩，只好大规模移民，寻找新的觅食地，碰巧遇到湖泊海洋，千军万马也不回头。挪威是一个宽不过百公里的狭长国家，很快就会迁移到海边，在人类看起来岂不就是自杀。

12. 家鼠科 MURIDAE

小家鼠 体小，体长和尾长均 8 厘米，背部黄褐色，腹部浅褐色。原产于中亚开阔草地，现随人类活动，已遍布全世界。杂食，晚上活动。见民主德国 1962 年受保护动物面值 20 芬尼邮票（图 9.51）。

图 9.51

褐鼠，俗称家鼠 体型相对稍高大而好斗。原产于远东，随着人类活动扩散到全球。因咬坏东西和传染疾病而最令人讨厌，可是又无法消灭。见于圣多美和普林西比 1981 年面值 8 多布拉邮票（图 9.52）、朝鲜 2007 年版张面值 50 元（图 9.34）。

滑尾鼠 头大耳小，嘴上胡须发育，尾巴与身长相当，体重 0.9 ～ 1.5 千克，毛色褐黑，后背有一条白横纹，尾巴后一多半黄白色，晚上活动，以竹笋等为食。是分布于新几内亚森林中少数的鼠科动物之一。巴布亚新几内亚 1993 年动物邮票面值 60 托伊即是（图 9.53）。

图 9.52

肥胖菱形鼠 后腿强壮，前腿较小，而且尾端有一撮黑毛，使它有点像跳鼠，但耳朵很小，尾巴只有身长的五分之三。毛色赤褐，腹面白色。贝宁 2003 年发行，面值 250 法郎（图 9.54）。

图 9.53

图 9.54

斑草鼠 尾巴长，背毛色红褐，从颈部到尾部贯穿多条深棕色条纹。分布于非洲东、中、西部。见朝鲜 2007 鼠年邮票版张中面值 30 元邮票（图 9.34）。

四纹鼠 体长和尾长均为 11 厘米，重 55 克。背面灰褐色，有 4 条黑或红褐色综条纹，腹部较浅。分布于非洲南部和东部草原地带，善于挖洞居住。见莫桑比克 1983 年面值 2 梅蒂卡动物邮票（图 9.55）。

露沼鼠 体长 15 厘米，尾巴长 9 厘米，体重 114 ～ 122 克，耳朵大，四肢短，毛色暗晦，腹面黄白色。分布于非洲东部和南部草原地带。见贝宁 2002 年小版张面值 270 法郎邮票（图 9.43）。

小沙仓鼠，矮仓鼠 生体肥胖滚圆，好像被气涨起来一样，四肢和耳朵就显得很短小，头和背部赤棕色，身体两侧和耳后白色或有白斑。分布于蒙古，西伯利亚，中国东北。见贝宁 2002 年小版张面值 300 法郎邮票（图 9.43）。

食鱼水鼠 在新几内亚森林溪流地带有好几种水鼠，背毛以褐色具多，有的耳朵相当大。本种属于体型较修长，毛色灰，耳朵较小但又并不是非常小的类型，分布于

图 9.55

图 9.56

图 9.57

图 9.58

厄瓜多尔、秘鲁。见贝宁 2002 年小版张面值 400 法郎邮票（图 9.43）。

中非 1966 年发行鼠类邮票 3 枚，面值 20 法郎为**低林鼠**（图 9.56）。面值 5 法郎为**刚果林鼠**（图 9.57）。面值 10 法郎为**背条鼠**（图 9.58），分布于非洲中部几内亚至乌干达。

图 9.59

秘林鼠，须攀鼠　体型很小，仅长 6 厘米，但尾巴却很长，达 9 厘米，体重 14 克。这么轻小的个体才适宜在草叶茎枝上攀爬。背面黄褐色，有一条暗色条纹纵贯颈部至尾尖。分布于非洲中部和东部的草地和沼泽地带。南非的博普茨瓦纳 1990 年动物邮票面值 21 分即是（图 9.59）。

13. 滨鼠科 BATHYERGIDAE

图 9.60

普通隐鼠　体重 60 ～ 140 克，全身灰白色，尾巴很短，眼小，有白色眼圈，外耳壳也很小，门齿发达，露出唇外。生活在非洲中部、东部、南部各种环境。善于挖洞，以植物根茎叶为食。博茨瓦纳 1992 年动物邮票中面值 40 西比即是（图 9.60）。

14. 豪猪科 HYSTRICIDAE

有 4 属 13 种，主要在地面生活。

欧洲豪猪，羽冠豪猪　体长 0.8 米，是非洲最大的啮齿动物。背上披满中空的长刺，长达 35 厘米，遇到敌人就竖起硬刺倒退着向敌人冲击。夜晚出来觅食，以根茎和从树上掉下来的果实为食。分布于热带非洲、北非和南欧。见突尼斯 1968 年面值 8 密尔动物邮票（图 9.61）。

图 9.61

中国豪猪　见中国香港 1982 年动物邮票面值 1.3 元那枚（图 9.62）。

白豪猪　身体前部长白毛。老挝 1965 年动物邮票面值 4 基普那枚（图 9.63）。

图 9.62

图 9.63

中亚白豪猪　分布在中亚的亚种。见哈萨克斯坦 1993 年 10 卢布邮票（图 9.64）。

尼泊尔豪猪　体长 55 ～ 77 厘米，尾巴短，只有 8 ～ 14 厘米，重 10 ～ 14 千克。全身黑或褐色。分布在中国长江以南至南亚地区热带亚热带森林草坡地带，以植物根茎果实为食。老挝 1965 年动物邮票面值 100 基普那枚（图 9.65）。

巴拉望豪猪　身上毛刺比较短而稀疏。见菲律宾 1994 年动物邮票（图 9.66）。

图 9.64

图 9.65

图 9.66

贝宁 2002 年豪猪邮票小全张 200 法郎（图 9.67）和面值 1000 法郎小型张（图 9.68）为**地岬豪猪，南非豪猪**　体重 12 ～ 18 千克，全身黑或褐色，头顶冠毛发育。分布于赤道以南非洲森林、草原沙漠的广大地区。面值 400 法郎

图 9.67

图 9.68

即是**苏门豪猪**。面值 150 法郎即是**簇生豪猪**。面值 300 法郎为**扫尾豪猪**，体长 40 ～ 50 厘米，尾巴长 20 厘米，体重 7 ～ 10 千克，头小嘴尖，体毛暗褐色，尾巴尖有一束毛，行走时像扫帚一样拖在后面。分布于中国南方至南亚热带和亚热带丛林。

能放箭的豪猪

豪猪也被称为剑猪，而且它能放箭，过去还以为这仅仅是民间故事的传说而已，其实这是真的，它能靠背部肌肉弹动的力量，把背上的硬刺如同开弓射箭一样，一只一只的射出来，不过射出的力量很小，并没有杀伤力，只能吓唬敌人，不过一旦被这些棘刺扎入皮肉，就会受到严重伤害，所以大多数肉食动物轻易不敢招惹它。

15. 美洲豪猪科 ERETHIZONTIDAE

有 4 属 10 种，主要在树上生活。

加拿大豪猪，鸾猪，美洲豪猪　体长 42 ～ 105 厘米，尾巴长 18 ～ 25 厘米，

图 9.69

体重 3.5 ～ 18 千克。全身黑色，杂有白色。美洲豪猪的毛是由短的硬刺和长的毛混在一起的，数量达 30000 根之多，而且尖端有倒钩。美洲最凶猛的食肉兽美洲虎和美洲狮对美洲豪猪都退避三舍，害怕被硬刺刺中唇舌面部，引起化脓，无法进食而活活饿死。美洲豪猪的另一个本领是善于爬树，分布于北美地区森林、荒漠、苔原地区。见加拿大 1988 年普通邮票面值 2 分那枚（图 9.69）。

巴西树豪猪，玻利维亚卷尾豪猪　这种豪猪很特别，全身不是黑色，而是黄褐色，而且尾巴很长，可以卷曲缠绕挂在树上。树豪猪还成为森林的害兽，这是由于树豪猪最爱啃吃嫩树皮。据调查，一只树豪猪能在几天内把一棵树的树皮啃光，一个冬天就能啃坏百余株树木。见于亚马孙盆地及以北的森林地带。巴西 1988 年面值 50 克鲁赛罗动物邮票（图 9.70）、圭亚那 1981 年面值 30 分邮票（图 9.71）、贝宁 2002 年版张面值 135 法郎邮票（图 9.67）均为此类。

南美短刺豪猪　体型肥胖，身上有刺短，尾巴也短。该属有 20 多种产于南美。见贝宁 2002 年小版张面值 270 法郎邮票（图 9.67）。

图 9.70

图 9.71

16. 海狸科 CASTORIDAE

河狸　体长 0.7 ～ 1 米，尾部长 0.2 ～ 0.3 米，体重 11 ～ 30 千克。体型肥胖，毛色主要为棕褐色。前肢弱小，没有蹼，后肢已特化，趾间长有宽大的蹼，尾部也特化成扁平的桨状。善于游泳潜水，用树枝泥土筑坝。分布于欧洲，蒙古及中国新疆的高原荒漠冷水河流，模式亚种产于德、法、瑞典，有许多亚种。**维斯杜拉河狸**　分布在波兰维斯杜拉河流域一带的河狸亚种。见波兰 1954 年森林动物面值 3 兹罗提邮票（图 9.72）。**乌拉尔河狸**　分布在俄罗斯乌拉尔一带的亚种。见苏联 1961 年面值 6 戈比（图 9.73）、1973 年沃龙涅日国

图 9.72

图 9.73

图 9.74

家自然保护区面值 6 戈比邮票（图 9.74）。**阿塞拜疆白河狸**　毛色白的河狸，苏联 1980 年面值 10 戈比邮票即是（图 9.75）。**蒙古河狸**　分布在蒙古一带的河狸亚种。见蒙古 1989 年面值 60 蒙格邮票（图 9.76）。**林氏河狸**　一般河狸毛色都较深，该亚种较浅。见柬埔寨 1993 年面值 250 瑞尔邮票（图 9.77）。

图 9.75

图 9.76

图 9.77

图 9.78

美洲河狸，也称北美河狸　比欧洲的河狸稍小，体长只有 0.7 ～ 0.75 米，重 20 ～ 25 千克。全身棕黑色。耳朵短小，颈部也比欧洲的河狸短，使它看起来与背部好像连成一体。分布在加拿大、美国、墨西哥森林地区的河湖地带。这是一种很聪明的动物，它的住所、堤坝和活动场地建造得非常复杂而舒适。加拿大 1851 年首套邮票中面值 15 分图案上的河狸是世界上第一枚动物邮票，以后曾以票中票的形式多次出现（图 9.78）。

17. 豚鼠科 CAVIDAE

长耳豚鼠　体型较大，长 45 ～ 75 厘米，尾长 4 ～ 5 厘米。背面黑褐色，体侧及颈部棕色，腹部白色。长的头和脖子，马蹄一样的爪子使它看起来既像兔又像鹿。分布在阿根廷的草原荒漠地带，善于奔跑，穴居生活。巴拉圭1975年面值0.35瓜拉尼邮票（图9.79）、越南1985年面值1盾邮票即是（图9.80）。

图 9.79

图 9.80

18. 水豚科 HYDROCHOERIDAE

水豚 是啮齿动物中体型最大的一种，长达1～1.2米，体重一般50～60千克，最大可以达75千克，真像一头猪。头大耳小，适应河湖沼泽生活趾间略具蹼。分布在巴西以南热带水草丰富地区，胆小群居，善于潜水游泳。委内瑞拉1963年野生动物邮票面值3博利瓦（图9.81）、巴拉圭1985年面值0.25瓜拉尼邮票即是（图9.82）。

图 9.81

图 9.82

19. 兔豚鼠科 CUNUCULUDAE

帕加 毛色赤棕至灰棕，全身两侧各有4～5排横向连续的白斑。见巴拉圭本地动物面值1150瓜拉尼邮票（图9.83）、伯利兹1968年面值10分邮票（图9.84）。

图 9.83

图 9.84

20. 毛丝鼠科，绒鼠科 CHINCHILLIDAE

毛丝鼠 大大的耳朵像野兔，但有一条毛茸茸的尾巴。居住在岩石缝隙，白天活动。绒鼠毛皮非常华丽而浓密，能抵御安第斯山夜晚的寒冷，它的秘密在于一个毛孔中长出 70～80 根细毛，以两束细绒毛代替单根毛，在每束毛中长有少量针毛，使银灰色的毛更坚挺，光洁柔细，丰厚整齐，犹如珍珠悦目，而且轻便耐磨。据说做一件毛丝鼠大衣需 100 张毛丝鼠皮，售价 40000 美元。由于经济价值很高，遭受大量捕杀后，野生的已非常少见。见玻利维亚 1939 年面值 75 分邮票（图 9.85）、秘鲁 1973 年面值 10 元邮票（图 9.86）。

图 9.85

图 9.86

21. 花背豚鼠科 DINOMYIDAE

图 9.87

萨氏花背豚鼠，长尾豚鼠 毛色浅灰，两侧有几排横向排列的白斑。见厄瓜多尔 1993 年阿美利加濒危动物面值 400 苏克雷邮票（图 9.87）。

22. 硬毛鼠科 CAPROMYIDAE

图 9.88

古巴硬毛鼠（图 3.8 左上）、**卷尾硬毛鼠**（图 3.8 右上）和**复毛硬毛鼠**（图 3.8 右下）见于古巴 1962 年四联圣诞节邮票。**黑毛硬毛鼠**（图 9.88）见于古巴 1984 邮票。**牙买加沟齿沙鼠，又称短尾牛地鼠** 毛色深褐，尾巴很短。牙买加 1981 年曾发行这种动物邮票（图 9.90）。图 9.89 是古巴 1982 年发行史前已灭绝的一种**沟齿沙鼠**。

图 9.89

图 9.90

23. 河狸鼠科 MYOCASTORIDAE

图 9.91

河狸鼠 与河狸名只差一个字，却是相去甚远不同科的鼠类。体型大，长0.5～0.6米，尾长0.3～0.33米，重5～6千克。全身灰黄褐色，头大眼小，后肢长，除1至2趾间无蹼外其余有蹼。它与海狸间最明显的区别是尾巴圆锥形，而不是扁平状。分布于巴西以南湖河沼泽地带，后传入欧亚北美。见阿根廷1999年国家公园面值50分邮票（图9.91）。

24. 刺鼠科 DASYPROCTIDAE

图 9.92

刺豚鼠 刺豚鼠后腿的长度是前腿的两倍，遇到危险最主要的自我保护方法就是快速奔跑。刺豚鼠属共有11种，生活在中、南美的热带地区，其中一些跟在猴子后面，拣拾猴子掉到地面的果实。格林纳达1976年动植物邮票面值1分即是（图9.92）。

十

兔形目 LEGOMORPHA

兔形目动物也属于典型门齿发达的食草动物，过去长期被并入啮齿类，但是二者的系统发生和身体结构有很多差异，是在完全不同的独立道路上平行发展，属于演化上的趋同现象。它有两对门齿，而啮齿类只有一对。大约有 65 种，分化为兔和鼠兔两支（科）。

1．鼠兔科 OCHOTONIDAE

鼠兔与兔类不同的地方是，耳朵又短又圆，四肢几乎等长，尾部退化；兔类则相反，长耳朵，后肢比前肢长。分布在亚洲和美洲。

帕氏鼠兔 蒙古 1983 年三角形动物邮票面值 20 蒙戈即是（图 10.1）。**东北鼠兔** 见利比里亚 1971 年发行面值 15 分邮票（图 10.2）。**美洲鼠兔** 在 19 种鼠兔中，产于美洲的仅 2 种。一种生活在美国西部和加拿大西南部，另一种生活在加拿大西北和阿拉斯加。见美国 1987 年 22 分邮票中动物即是（图 10.3）。

图 10.1

图 10.2

图 10.3

趋同演化也叫平行演化

指本来差异很大，属于不同目甚至纲的动物，由于适应相同的生态环境，在外形上趋于相似的一种现象。比如啮齿目、兔形目和蹄兔目三者外形很相似，其实亲缘关系甚远。啮齿类上下颌均具一对门齿，没有齿根，终身生长，所以必须不断啃咬磨短，它们来源于古代的副鼠。兔形类具有两对前后重叠的门齿，下颌仅一对门齿，来源于古代的原古兔。而蹄兔类的上门齿终身持续生长，颇像象牙，与大象和海牛是近亲。

鲸类的祖先是陆地上四足行走的哺乳动物，由于适应水中生活而演化出与鱼类相似的外形，但鲸鱼与鱼类二者在身体骨骼和器官构造的差别就更大了。

2. 兔科 LEPORIDAE

兔的特点是耳朵长，前腿短，后腿长，适于跳跃和奔跑。

野家兔，穴兔 体长 35～50 厘米，尾短 4～7 厘米，体重 1.5～3 千克，背毛棕色，腹部黄白，长耳大眼。分布于欧洲和北非。许多欧洲国家都发行过野家兔邮票，见匈牙利 1953 年森林动物面值 40 费来邮票（图 10.4）。

图 10.4

家兔 野家兔被人类驯化而成家畜，人工培育后又产生了许多不同毛色和体型的品种，如白毛，黑毛，斑点，特长耳朵等（图 10.5）。

图 10.5

兔子吃粪粒的秘密

这种可爱的小动物有不少小秘密呢。它的报警方式很特别，用后腿使劲刨打地面，其他兔子听到后就会躲避起来。兔子还有几个很特别的习惯，它的听觉和嗅觉特别灵敏，能够凭嗅觉辨别是不是自己的亲生骨肉，如果碰到不是自己亲生的幼崽，便狠心地将它咬死。饲养过兔子的人会发现，兔子经常将头伸到尾巴后吃刚拉出来的粪粒，原来这是充分利用食物吸收营养的一种方法。经过研究，发现兔子的粪便有两种，一种是包含大量草木的硬粪球，另一种是被薄膜包裹起来的软粪球。软粪球里含有四分之一的纯蛋白质，还有二分之一的菌类，不但能促进消化，而且本身就具有很高营养成分，这样看来，如果丢弃掉，岂不是一项很大的浪费。

欧兔 它的生活习性与野家兔不同，我们平常所说的狡兔有三窟，指的是野家兔，而欧兔却不会挖洞筑巢，只会选个隐蔽的地方躲着不动。受惊扰后，一群兔子会突然向不同方向狂奔，周围却找不到洞穴的痕迹。分布于欧洲、亚洲。见波兰1986年面值20兹罗提动物邮票（图10.6）。

图 10.6

图 10.7

短耳兔，华东兔 背面棕土黄色，腹部淡棕黄色，耳尖黑褐色。分布于华南山地平原灌丛地带。朝鲜1962年兽类邮票面值5分即是（图10.7）。

图 10.8

黑伯尔雪兔 体型稍大，重2～5.5千克。为适应季节周围环境的变化，夏季毛色淡栗，杂有黑及褐色，冬季全白。分布于欧亚北部寒带亚寒带针叶林、白杨林及沼泽地区。见爱尔兰1980年动物小全张中面值15便士邮票（图10.8）。

草兔 体重 2～3 千克，尾巴较长，达 9～10 厘米。背面黄褐至黑褐色，腹部白色。分布于非洲、欧洲、亚洲中部和北部。见（南非）西斯凯 1982 年面值 8 分动物邮票（图 10.9）。

图 10.9

黑颈兔 体毛黄褐色，颈部有黑斑，分布于印度。见毛里求斯 1994 年面值 2 卢比邮票（图 10.10）。

图 10.10

索马里兔 分布于东非高原荒漠的一种兔子。见索马里 1989 年面值 75 先令动物邮票（图 10.11）。

格陵兰兔 分布于格陵兰寒冷地区的兔子。见格陵兰发行面值 9 克朗邮票（图 10.12）。

克氏兔 见几内亚 1995 年发行面值 500 法郎邮票（图 10.13）。

图 10.11

图 10.12

图 10.13

薮兔 体型变化较大，从 1.5 到 4.5 千克都有。背面灰褐色，腹部白色，尾部背面黑色。分布于非洲南部。见博茨瓦纳 1987 年发行面值 10 西比邮票（图 10.14）。

美洲野兔 见于加拿大 1988 年面值 5 分普通邮票（图 10.15）。

美国黑尾野兔 分布于美国的一种兔子。见美国 1987 年面值 22 美分邮票（图 10.16）。

图 10.14

图 10.15

图 10.16

图 10.17

图 10.18

贝宁 2002 年兔类邮票小全张（图 10.17）中面值 135 法郎是**粗尾棉尾兔** 体型较小，长 30 ～ 37 厘米，尾部长 1 ～ 3 厘米，重 0.5 ～ 0.9 千克，耳朵和四肢短。背面暗灰，腹部较浅。分布于美国西部和墨西哥西北部。面值 150 法郎是**荒漠棉尾兔** 体长 37 ～ 40 厘米，尾部长 5 ～ 6 厘米，重 0.7 ～ 1.3 千克，背面灰褐色，杂有黑色。分布于美国西部和墨西哥的荒漠、草原、灌木丛地。面值 300 法郎是**沼泽绵尾兔** 体长 45 ～ 55 厘米，尾部长 5 ～ 7 厘米，重 1.6 ～ 2.7 千克，眼圈肉桂色，背面棕褐至黑色，腹部白色。生活在美国南部沼泽地带，晚上才出来活动。面值 1000 法郎邮票及小型张（图 10.18）为**艾塔荷野兔**。面值 400 法郎是**苏门答腊短耳野兔** 生活在印尼苏门答腊岛西南部。面值 270 法郎为**野家兔**。

图 10.19

琉球兔 见日本 1974 年自然保护邮票面值 20 日元（图 10.19）。

尼艾卡红兔 突尼斯 1998 年布科尼国家公园邮票面值 110 米利即是（图 10.20）。

南非灌丛穴兔，布须曼兔 体重 1.4 ～ 1.9 千克，背面和头部灰褐色，腹部乳黄色，两颊至耳根有暗褐色斑纹。分布于南非中部山地灌丛地带。南非 1993 年濒危物种邮票面值 40 分即是（图 10.21）。

纳塔尔红兔 体重 2.6 千克，背面红棕色，腹部灰色，尾巴红褐色，头部灰色，嘴巴褐色，两颊至耳根有白色斑纹。分布于肯尼亚、南非一带。见莫桑比克 1983 年面值 12 梅蒂卡动物邮票（图 10.22）。

图 10.20

图 10.21

图 10.22

十一

鲸目 CETACEA

人们对鲸的印象，一般认为它们都很大，其实也有很小体长只有 1 米的，当然大的体长可达 30 米以上。它们大多生活在海洋里，只有少数生活在江河淡水中。鲸类的流线型体形与鱼类很像，但这只是为适应水中生活环境，在演化上的一种趋同现象。鲸类原来是生活在陆地上用四肢行走的食虫类或食肉类动物，由于被水中丰富的鱼类吸引，进入水中经过漫长的演化逐渐适应了海中生活，前肢演化成鳍状，后肢退化，尾巴也变化成了鳍，但呈左右发展的尾叶，作上下摆动，而不是像鱼那样作左右摆动。鲸类分两大类，一类是长牙的齿鲸，外鼻孔只有一个，另一类是不长牙的须鲸，口中只有须，有两个鼻孔。共分 11 科 76 种。

1．海豚科 DELPHINIDAE

这类流线形聪明可爱的动物约有 30 多种。

真海豚　体长 2～2.2 米，体重 75～85 千克。前额与喙之间有明显的凹沟。海豚有一种超能力，就是两个半脑可以轮流休息，左半脑休息时，右半脑处于兴奋状态，每隔 10 分钟交替一次，这样，海豚能一边游泳一边睡觉，所以不会感到疲乏。分布在除北冰洋外的三大洋及黑海。群居以鱼类、乌贼为食。发行这种邮票的国家非常多，如图克劳群岛 1996 年面值 1 元的海豚邮票（图 11.1）。另一枚面值 1.25

图 11.1

元为**蓝白海豚**　体长 2.4 ～ 2.7 米，体重 100 千克，前额圆形膨大，喙部不太长，背部深蓝色，腹部白色，身上没有小斑点。分布在大西洋和太平洋温带海域，喜群居（图 11.2）。

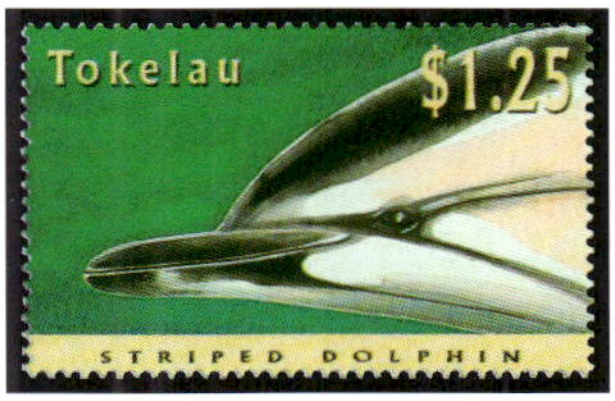

图 11.2

灰海豚，瑞氏海豚　体型较大而奇特，前部很粗，后部很细，头部很圆，喙部却看不出来，长 3.5 ～ 4.3 米，体重 350 ～ 430 千克。分布于世界各大海洋温带深水区。中国台湾 2000 年发行鲸豚邮票 4 枚（图 11.3），其中 25 元邮票图案即是。又见古巴 1984 年鲸豚邮票面值 1 分那枚（图 11.4）。面值 6 分那枚为**原海豚**（图 11.5）。

图 11.3

豪格拉斯海豚　见澳属南极 1988 年面值 37 分动物邮票之一（图 11.6）。

图 11.4

图 11.5

图 11.6

瓶鼻海豚，宽吻海豚　全身灰色，由于面容比较逗人喜欢，所以常常成为水族馆的表演明星，这与它大脑的发达程度有关。人脑重 1.5 千克，占体重 2.1%，而宽吻海豚大脑重 1.6千克，占体重1.17%，比黑猩猩大脑重0.5千克，占体重0.7%，更接近人类。猴子需要几百次才能学会的某些技巧，宽吻海豚 20 次就能掌握，说明动物中进化和智力最高的并不是黑猩猩，而是宽吻海豚。经过训练的宽吻海豚，可以

图 11.7

胜任诸如海上救人，打捞海底物件，修复海底电缆，排除深水炸弹，担任潜水警戒驱赶鲨鱼等任务。发行这种动物邮票的国家非常多，以保加利亚 1991 年面值 68 斯托汀基邮票为例（图 11.7），中国台湾 2000 年鲸豚邮票面值 5 元邮票也是（图 11.3）。

2. 尖嘴海豚科 SYTENIDAE

中华白海豚 体长 2.2 ～ 2.5 米，重 230 ～ 250 千克左右，喙部狭长而尖，全身乳白色，背部有许多灰黑色细小斑点，三五只或单独活动。分布于中国、印尼、澳大利亚及非洲。过去中国沿海很多，因滥捕和污染，现已非常少见，被列入中国一级保护动物，曾被当作 1997 年香港回归的吉祥物。中国香港 1999 年发行了横四联的中华白海豚邮票（图 11.8）。

黝海豚，暗黑斑纹海豚 体长 1.8 ～ 2.1 米，重 115 千克，喙细长，尾鳍很大。分布于南美、非洲、大洋洲的温带至寒温带海域。见特列斯坦达库尼

图 11.8

2000年海洋哺乳类小全张右上角邮票（图11.9）。

图 11.9

3. 河豚科 PLATANISTITAE

全世界共有6种淡水海豚：亚洲长江的白鱀豚、印度河海豚、恒河海豚、南美拉普拉塔河海豚、亚马孙河海豚、马德拉河海豚。它们的喙都很细长，便于伸入泥中搜寻食物。

白鱀豚 体长一般1.5～2米，最大2.5米，体重22～250千克。体色背部浅灰或灰蓝，腹部白色。它的头不大，但大脑近500克重，十分发达，比黑猩猩还聪明，在生理学、仿生学、军事科学方面都能提供许多有用的资料。仅生活在中国长江下游，据调查1998年还有400头，如今数量已不足20头，已进入绝灭边缘，因此被称为水中的大熊猫。中国1980年发行了白鱀豚邮票（图11.10）。

图 11.10

印度河海豚 颌和嘴细长，牙齿非常尖利，眼睛很小，近乎失明，依靠回声定位捕食，鳍状肢好像船桨呈宽宽的半圆形。过去整个印度河里都有印度河海豚，建起几个大坝后，拦住了它们的洄游路线，这种濒危动物仅存不到500只。见巴基斯坦1972年河海豚邮票（图11.11）。

图 11.11

恒河海豚 生活在恒河的海豚，与生活在印度河里的印度河海豚是亲缘动物，样子也相近，但嘴

图 11.12

图 11.13

稍宽，鳍状肢呈三角形而不是半圆形。见菲律宾2009年水中动物面值7比索那枚（图 11.12）。

亚马孙河海豚 生活在巴西亚马逊河的海豚，鳍状肢比拉普拉塔海豚稍窄。巴西1998年国际海洋年小全张右上角的海豚（图 11.13），从喙部又尖又长来看，符合淡水海豚的特征，应为巴西特产的种。

图 11.14

拉普拉塔海豚 鳍状肢伸出很大，前端斜截切状，全身棕褐色，背部较深。分布于南美阿根廷。阿根廷2001年鲸豚邮票面值50分+50分即是（图 11.14）。

4. 鼠海豚科 PHOCOAENIDAE

鼠海豚，灰海豚 鼠海豚与海豚相比，嘴比较短，喙部与头部连成一短弧形。体长1.7～1.8米，体重90千克，头部宽厚，背部蓝灰色，腹部白色。分布于大西洋、太平洋、黑海、地中海，喜集群活动。见荷兰1986年野生保护动物邮票面值50分（图 11.15）和保加利亚1991年海洋哺乳动物面值2列瓦（图 11.16）那枚。

伊洛瓦底江豚 头部短圆，喙部宽而短，眼睛小，背鳍短，肢鳍和尾鳍大。分布于孟加拉湾至新几内亚和澳大利亚北部。泰国1998年4全国际海洋年面值2泰铢邮票即是（图 11.17）。

图 11.15

图 11.16

图 11.17

布尔麦斯特江豚 头部短且圆，肢鳍和尾鳍大而尖，背鳍靠中后，背部灰黑，腹部灰。分布于南美阿根廷。见阿根廷 2001 年鲸豚邮票面值 25+25 分邮票（图 11.18）。

图 11.18

5. 独角鲸科 MONODONTIDAE

独角鲸 体长 3.6 ～ 5 米，重 900 ～ 1600 千克，头小而圆，雄兽左上颌齿螺旋前伸形成独角长可达 3 米，具有接受各种外界感觉的功能，喜欢吃鱼和鱿鱼。分布于北冰洋寒冷海域小群活动。见加拿大 1968 年面值 5 分（图 11.19）和 2000 年面值 46 分海洋动物邮票（图 11.20）。

图 11.19

图 11.20

白鲸 体长 3 ～ 3.5 米，最大不超过 5 米，重 540 ～ 1500 千克，属于一种娇小的鲸类。也是唯一全身白色的鲸类，无背鳍，前额突出，样子非常可爱，是表演动物的明星。在鲸类中，座头鲸能发几十种声音，虎鲸能发 62 种，而白鲸能发几百种不同的声音，因此有语言大师的美称。分布于北冰洋及俄罗斯北方冷水海域。见加拿大 2000 年海洋动物邮票（图 11.21）。

图 11.21

6. 露脊鲸科 BALAENIDAE

露脊鲸，北极鲸，弓头鲸 体躯肥大，长 14 ～ 17 米，重 75 ～ 100 吨，全身黑色，颊部有白色斑块，头部有形状不规则的寄生甲壳动物或角质瘤，没有背鳍。分布于北冰洋、白令海至鄂霍茨克海。由于游泳速度非常缓慢，个体又大，成为最容易捕杀的鲸类，几乎绝灭。经多年保护，估计现存也只有 1 万头。见苏联 1974 年莫斯科第一届国际哺乳动物学会面值 10 戈比邮票（图

图 11.22

图 11.23

11.22）和加拿大 2000 年海洋动物邮票（图 11.23）。

黑露脊鲸　头部特征与北极露脊鲸相似，但下颌两侧有一列拳头大小瘤状突起，每个突起上都生有一根感觉毛。分布于太平洋和大西洋。见法罗 1990 年全球自然保护北大西洋鲸类邮票面值 600 欧尔那枚（图 11.24）。

南方露脊鲸　体躯肥大，体长不超过 20 米，脊背蓝色，头部特征与北极露脊鲸相似，头小嘴小。分布于南太平洋和南大西洋。见诺福克鲸类面值 55 分邮票（图 11.25）。

小露脊鲸　南非 1998 年鲸类邮票（图 11.26）。

图 11.24

图 11.25

图 11.26

7. 灰鲸科 ESCHRICHTIIDAE

灰鲸　体长 10～15 米，体重 30 吨，皮肤灰色或蓝灰色，有白色斑点腹部较淡。有两个喷气孔，尾部有 7～15 个驼峰状隆起。与其他鲸类不同的生活习惯是，主要在海底觅食，搅动底层海水吸进嘴里，滤出水中甲壳等动物。分布于北半球温带海域，以长途迁徙闻名，主要繁殖地在墨西哥海域，在北冰洋边缘度夏，距离 1 万千米。见几内亚比绍 1994 年海洋动物面值 5 比索邮票（图 11.27）。

图 11.27

鲸豚冲滩自杀之谜

与旅鼠自杀之谜一样，鲸豚自杀是另一个自然之谜。1999 年在加拿大温哥华岛之南发现一头搁浅的虎鲸，确认了它的编号身份后，将解剖组织样本送往德国海洋科学家特波尔德处，发现海豚的脑中有高浓度三丁酯锡，这种毒液来自船上的油漆，鲸豚有追船戏波的习惯，很容易中该毒，伤害脑神经，使其在辨别方位上发生错误。目前海洋中含数千万公升三丁酯锡，这种海洋环境的污染，对高等海洋哺乳动物来说是灾难性的。

8. 长须鲸科 BALAENOPTERIDAE

蓝鲸 是世界上最大的鲸类，体长 24 ～ 34 米，重 150 吨，肝脏重 1 吨，心脏重 500 千克，舌头重 2 吨，血管的粗细足以装下一个小孩。头小扁平，有两个喷气孔，没有牙齿，上颌有 600 ～ 800 枚黑色须板，一张大嘴，磷虾等浮游生物就被过滤进嘴里。蓝鲸的睡眠状态很特别，由一条雄鲸把家庭成员召集在一起，以鲸头为中心，呈放射状，相互依偎着漂浮在海面睡觉。分布于世界各大洋，由于全身都有很高经济价值，每条蓝鲸就能炼 20 ～ 30 吨油，受到滥捕，1974 年还有 2500 只，现在只剩 2000 只了。见几内亚比绍 1994 年面值 8 比索海洋动物邮票（图 11.28）、加拿大 2000 年海洋动物邮票（图 11.29）。

图 11.28

图 11.29

大须鲸，鳁鲸 体长 15 ～ 20 米，重 25 吨，体型细长，背鳍高大，呈镰刀形，背部黑色，腹部白色。分布于世界各大洋。见几内亚比绍 1994 年海洋动物面值 35 比索邮票（图 11.30）。

图 11.30

长须鲸 纺锤形体型较长，体长 20 ～ 26 米，体

图 11.31

重 95 吨，背鳍小，有两个喷气孔，位于眼前背中线上，背部黑色，向腹部逐渐变为白色。分布于世界各地海洋。见越南 1985 年面值 4 盾邮票（图 11.31）。

小须鲸，小鳁鲸，缟鳁鲸　体型较小，长 6～8 米，重 2 吨。嘴尖背鳍小，尾鳍非常宽，鳍肢中间有一条白色横带。分布于世界各海洋沿海地区，单独或三五只生活，由于数量还能控制，是现在唯一允许商业目的猎捕的鲸类。见南非 1998 年鲸类邮票（图 11.32）、阿根廷 2001 年鲸豚邮票面值 50+50 分那枚（图 11.33）。

图 11.32

图 11.33

图 11.34

长褶沟大须鲸，埃氏鳁鲸　体型粗短，长 12～13 米，重 26 吨，头部有主脊线，两侧各有一条副脊线，背部黑色，腹部白色，游泳速度较慢。分布于世界各地温暖海域。见南非 1998 年鲸类邮票（图 11.34）。

座头鲸，大翅鲸　体型很大，长 11～19 米，重 40～50 吨，头部扁平，相对比例较小，嘴边有 20～30 个肿瘤状突起，背鳍短小较低，胸鳍薄而狭长，好像一对翅膀，有 5 米长。喜欢在世界各地寒带与热带之间海域活动，以鱼类为食。见于诺福克 1982 年面值 80 分鲸类邮票（图 11.35）、阿根廷 2001 年鲸豚邮票面值 75+75 分（图 11.36）以及中国台湾 2000 年鲸豚邮票 5 元（图 11.3）那枚。

图 11.35

图 11.36

座头鲸的大脑相当发达，重量相当于人脑的 5 倍，而且大脑的沟回也与人类的相似，繁殖期间，能唱出动物界最复杂的歌，因此可能具有高智商。根据研究，它的歌声由 18 种不同声音组成，节奏分明，抑扬顿挫，交替反复，很有规律，彼此连接形成优美的旋律，每首歌一般持续 6 ～ 30 分钟，它的歌不是使用声带，而是通过体内空气的流动发出的。每一年座头鲸都唱同样的歌，第二年就会更换新歌，但曲调相差不大，说明它能记忆一首歌复杂的曲调和顺序，储存达 6 个月以上，再改变增加新的内容，很像人类语言的进化过程。生活在不同海区的鲸群唱的歌也不一样，说明这些歌声是每个种群独自遗传给后代的，就像人类的方言。人们发现，古希腊史诗《奥德赛》中迷人的海妖之歌，其歌手原来就是座头鲸。

9．抹香鲸科 PHYSETERIDAE

抹香鲸 近方形的头特别大，几乎占到体长的四分之一到三分之一，体长 13 ～ 23 米，体重 15 ～ 70 吨，仅下颌有 20 ～ 28 对狭长大牙齿，喷水孔在头前端左侧，因此喷水柱是倾斜的，没有背鳍。在所有鲸类中只有抹香鲸产龙涎香，这是一种类似胆结石或肠结石的蜡状分泌物，比重和熔点都很低，能浮在海面，燃烧时发蓝色火焰，香气比麝香更浓而持久，自古就是极名贵的香料，古代就被视为香中之极品，价值远超过黄金。但是它刚从鲸体取出来时却具恶臭，过一段时间才变成香味，干燥后成为形似琥珀的黑褐色胶状物，在嘴里嚼起来像蜡，带酸甜味。一般一块重几千克至几十千克，最大曾有 455 千克一块的纪录。抹香鲸最喜欢吃乌贼和章鱼，这两类动物身体柔软，但颚和齿舌是坚韧的角质，很难消化，使抹香鲸的肠道受到刺激，就分泌出这种特殊的异物，因此有没有头足类口器残渣，也成为鉴别龙涎香真假的标志之一。抹香鲸性情十分凶猛，游速快，早期捕鲸船经常发生遭受抹香鲸攻击沉没的事件。潜泳能力强，能憋气两个小时下潜 2000 米。分布在世界各大海洋。见特列斯坦达库尼 2002 年面值 30 便士小版张左下角邮票（图 11.9）、泰国 1998 年国际海洋年邮票面值 6 泰铢邮票（图 11.37）。

图 11.37

10. 圆头鲸科 GLOBICEPHALIDAE

长鳍领港鲸，巨头鲸 喜欢在轮船前方游动好似领航而得名。体长 4.5 ～ 6.34 米，重 13 ～ 30 吨，头大，口特大，鳍肢长而尖，晚上结群活动，白天休息。分布于大西洋、波罗的海、地中海。特列斯坦达库尼 2002 年版张右中（图 11.9）。

图 11.38

短肢领航鲸，大吻巨头鲸 体型较小粗短，长 5 ～ 7 米，重 3.6 吨，前额圆，吻特别短，嘴极大。群居分布于各大洋热带温带海域。见加纳 1983 年动物邮票面值 1 比塞瓦那枚（图 11.38）。

虎鲸 体型不大，长 6 ～ 10 米，重 5 ～ 8 吨，背部漆黑色，腹部白色，鳍后和两眼后有白斑，背鳍高耸，后肢退化。家庭规模比较大，集体活动捕食，有复杂的发声联络信号，能发出 62 种代表不同含义的声音，不同虎鲸群语言的音调都有不同程度的差异，当围捕食物时，虎鲸从四面八方游过来，叫声各不相同，都能听懂对方的方言。虎鲸被渔民称为海上霸王，是一切海豚、鳍脚类、企鹅的死敌，曾有一只虎鲸吃掉 13 只海豚和 14 只海豹的纪录，敢于攻击比它大十倍的须鲸，将猎物团团围住，先咬掉背鳍、尾巴，使其难以游动，然后大块撕肉，就像狼群围攻孤立无援的鹿。如此凶猛，使其他鲸类畏之如虎，远远就避开。但还没有虎鲸咬人的纪录，反而在水族馆可以与人类密切配合，表演各种复杂的技艺，并且像宽吻海豚一样成为美国海中动物部队的成员。分布于各大海洋较冷水域。见几内亚比绍 1984 年海洋动物面值 24 比索邮票（图 11.39）、保加利亚 1991 年海洋动物面值 43 斯托汀基（图 11.40）以及中国台湾 2000 年鲸豚邮票面值 10 元（图 11.3）那枚。

图 11.39

图 11.40

伪虎鲸，假杀人鲸 体型较小，长 5 ～ 6 米，重 0.6 ～ 1.4 吨，口大，全身黑色，看起来像虎

图 11.41

鲸，但白斑不发育，游速也较慢。分布于北冰洋以外的各大海洋。见特列斯坦达库尼 2002 年小版张左中那枚（图 11.9）和古巴 1984 年海洋动物面值 10 分邮票（图 11.41）。

11．剑吻鲸科　ZIPHYDAE

古氏剑吻鲸　体小，长 6～7 米，重 5.6 吨，身体中部最粗，向两端变细，背部棕灰色，腹部较浅。分布于各大海洋结成小群。南非 1998 年鲸类邮票无面值航空邮资左上角那枚（图 11.42）。

北瓶鼻鲸　体型不大，长 7～9 米，重 2.2～10 吨，背鳍较小，雄兽额部隆起，背部黑或深灰色。分布于北半球冷水海域。法罗 1990 年全球自然保护北大西洋鲸类邮票面值 700 欧尔那枚即是（图 11.43）。

喙鲸　鼻子和嘴很尖，状如鸟喙。见法罗 1990 年全球自然保护北大西洋鲸类面值 320 欧尔那枚（图 11.44）。特列斯坦达库尼 2002 年小版张左上角和右下角为**灰鸟喙鲸**和**设菲尔德鸟喙鲸**（图 11.9）。

图 11.42

图 11.43

图 11.44

十二

鳍脚目 PINIPEDIA

身体呈纺锤形，是适应水中生活肉食类的一个类群，最早化石发现于中新世，可能起源于古肉食动物中与熊或鼬相近的一支。分为3科。

1. 海狮科 OTARIIDAE

南美海狮 体长1.9～2.7米，体重150～520千克，雄兽比雌兽大得多，吻部宽而上翘，外耳壳小，体色褐至棕褐色。分布于南美巴西至诺福克岛。秘鲁1993年国际和全国邮展面值90分邮票即是（图12.1）。

图 12.1

北海狮，海驴 是海狮中体型最大的一种，长2.5～3.5米，重300～1000千克，雄兽比雌兽大得多，头顶略凹，外耳壳很长，背部有鬃毛，体色黄褐。分布在北太平洋寒温带沿海岛屿，经常上千只挤在一起，吵声震天，雄海狮先到达海滩，等待雌海狮的到来，小海狮出生后，雌海狮下海觅食，回来后用喇叭样的叫声呼唤子女，幼狮低声回应后，雌海狮靠嗅觉识别自己的孩子，从不出错。见朝鲜1979年海洋动物面值50分邮票（图12.2）和苏联1990年面值25戈比海洋动物邮票（图12.3）。

图 12.2

图 12.3

南极海狗 体型大小差

别很大，体长 1.3 ～ 1.8 米，体重 22 ～ 230 千克，善于游泳潜水，在陆地上行动笨拙。在 5 种海狗中，南非海狗是灰褐色，安岛海狗是暗灰褐色，北海海狗灰紫褐至黑棕色，南方海狗蓝黑色，只有南极海狗是银灰色，分布于南大西洋和南印度洋水域。见法属南极 1978 年海洋生物面值 4 法郎邮票（图 12.4）。**南非海狗**　乌拉圭 1970 年动物邮票面值 250 苏克雷（图 12.5）。**阿姆斯特丹岛海狗**　体型中等，体重 21 ～ 164 千克，体色暗灰褐，脸至胸部黄色。分布于非洲安哥拉以南至大西洋南极区阿姆斯特丹岛一带。见特利斯坦达库尼 1978 年动物邮票面值 10 便士那枚（图 12.6）。**北海海狗**　体型不大，长 1.5 ～ 2.4 米，尾巴长 8 ～ 10 厘米，重 63 ～ 300 千克，圆头大眼，雄兽体色灰紫褐至黑棕色，肩部有灰色毛，雌兽为灰褐色，四肢较短。分布于北太平洋沿海岛屿。苏联 1974 年莫斯科首届国际哺乳动物学会会议面值 6 戈比邮票即是（图 12.7）。

图 12.4

图 12.5

图 12.6

图 12.7

加利福尼亚海狮　身体巧克力色，在陆地上行动迟缓，视力也不佳，但一到海里，就非常敏捷，特别喜欢跃出水面成为一道风景线，从早到晚不停地捕食，因而被认为是与人类争食鱼类的害兽。加州海狮有三个种群或亚种：日本海亚种，北美西岸亚种，加拉帕戈斯亚种，其中日本海亚种已在 1950 年被日本渔民消灭殆尽。见厄瓜多尔 1986 年发现加拉帕戈斯群岛 450 周年面值 20 苏克雷邮票（图 12.8）。

图 12.8

2. 海豹科 PHOCIDAE

斑海豹 体长 1.2 ～ 2 米，重 100 ～ 120 千克，身体肥壮浑圆纺锤形，全身有细密保暖的短毛，背部灰黑色遍布不规则棕灰或棕黑色斑点。圆头大眼，没有外耳郭，胡须长而硬，趾间有蹼状膜，尾巴短小夹在后肢间联成扇形。分布于北太平洋和北大西洋海域。见格陵兰 1991 年海豹邮票小全张右下角那枚。

环斑海豹 体长 1 ～ 1.5 米，重 45 ～ 110 千克，背部暗灰至黑色，遍布白色或浅灰色环状斑点。分布于北冰洋周围海域。格陵兰 1991 年海豹邮票小全张（图 12.9）左上角面值 4 克朗邮票即是。

图 12.9

图 12.10

图 12.11

堪察加海豹 体长 1.4～1.7 米，重 80 ～ 110 千克，背部黄褐色，密布不规则暗色斑点。分布于北太平洋海域。见日本 1993 年邮票（图 12.10）。

蟹行海豹 见法属南极 1984 年海洋动物面值 5.9 法郎邮票（图 12.11）。

罗斯海豹 体型中大，体重 200 千克。见英属南极 1982 年海豹面值 25 便士

（图 12.12）。

图 12.12

图 12.13

灰海豹 体长 1.6～3.1 米，重 120～320 千克，背部灰色或银灰色带不规则暗色斑块。分布于北欧和北美北部。见瑞典面值 2.2 克朗邮票（图 12.13）。

图 12.14

豹形海豹 体型大，体长 3～4 米，体重 300～450 千克，背面银灰色，有与金钱豹图案类似的黑色花斑，腹面浅灰色，游泳速度极快，性情极为凶暴，被称为海上强盗。分布于澳大利亚、新西兰至南美和非洲南端的海域。见于法属南极 1980 年海洋动物面值 1.3 法郎邮票（图 12.14）。

髯海豹 体型较大，长 2～2.8 米，重 220～410 千克，全身棕灰或灰褐色，背部中部颜色较深，嘴周围密生 200 多根笔直粗硬的长毛。分布于北冰洋周围北太平洋和大西洋寒带海域。格陵兰 1991 年海豹邮票小全张右上角面值 8.5 克朗即是（图 12.9）。

僧海豹 见毛里塔尼亚 1973 年海豹面值 135 法郎邮票（图 12.15）。**夏威夷僧海豹** 体型较大，长 2.1～2.9 米，重 170～250 千克，体毛黑棕，无斑纹。分布于夏威夷周围海域。见美国 1996 年面值 32 分濒危动物邮票（图 12.16）。

冠海豹 体型较大，长 2.2～3.5 米，重 320～410 千克，雄兽鼻黏膜能翻出来膨胀成囊状突起而得名，身体灰色有黑斑。分布于北冰洋、北大西洋。格陵兰 1991 年海豹邮票小全张中上面值 7.25 克朗即是（图 12.9）。

威德尔海豹 体型大，长 3～3.3 米，重 300～600 千克，身体暗褐灰色，有浅色斑点。威德尔海豹是打孔专家和深潜专家，当海面封冻时，为换气它会从水下啃出一个冰洞，为防止洞口结冰堵塞，每隔

图 12.15

图 12.16

图 12.17

一段时间就会再啃一次。它能潜到 600 米深的水下，其原因就在于演化的脑非常小，只占体重的千分之一，大脑耗氧量在 70 分钟内只占全身的 3% ～ 4%，心脏也配合得跳动很慢，故能减少耗氧量。分布于南半球南部海域。见澳属南极 1992 年极地野生动物邮票面值 95 分邮票（图 12.17）。

图 12.18

食蟹海豹　体型中等，体重 220 ～ 240 千克，体色褐灰，腹面灰色。分布于澳大利亚、新西兰与南非之间的海域。见英属南极 1982 年海豹邮票面值 34 便士邮票（图 12.18）。

图 12.19

格陵兰海豹　小海豹出生时毛黑色，18 天后换毛，变为银白色，背和两侧有一些黑点或斑，幼海豹靠吸乳，体重一天能增加 2 千克。北极的寒冷使它们演化出四大功能：全身长满高度隔热的海兽脂层，细密的毛皮，适应深潜高度特化的呼吸系统，心跳能随新陈代谢和体温减小十分之一，血液中含大量二氧化碳及乳酸的耐受力。分布于北大西洋和北极海。见格陵兰 1991 年海豹邮票小全张左下角面值 4 克朗那枚（图 12.9）。

南象海豹　体型巨大，长 3 ～ 5 米，重 0.8 ～ 3.5 吨，雄兽具有延长的大鼻子。分布于南极周围各岛。见法属南极 1978 年海洋动物邮票（图 12.19）。

3. 海象科 ODOBENIDAE

海象　以雄兽犬齿非常发达，垂直伸出嘴外形成獠牙为特征，小眼睛视力很差。上唇周围还有一圈又长又硬的钢毛，皮肤像老橡树一样粗糙，在陆地上，血管吸热膨胀，身体呈棕红色，下到冰冷的水里，皮肤血液循环下降，身体就变成灰白色。分布于北冰洋周围海域。见加拿 2006 年面值 1 元邮票（图 12.20）、格陵兰 1991 年海豹邮票小全张中下部（图 12.9）。

图 12.20

十三 海牛目 SIRENIA

素食吃草的海洋哺乳类，行动缓慢，分2科。分布于美洲、亚洲和西非热带亚热带海洋，有一种已经绝灭，现存4种。

1. 儒艮科 DUGONGIDAE

分布于亚洲热带亚热带海洋。

儒艮 就是曾被称为美人鱼的动物，大概是海员在船上看见它们抱着幼兽喂奶的样子很像人类的缘故。体长2～3米，重200～480千克，雄兽门牙突出口外形如獠牙，前肢鳍桨状，后肢退化与尾巴平行。分布于东南亚及印度洋一带。见琉球1966年面值3分邮票（图13.1）、泰国1998年海洋年面值9铢邮票（图13.2）。

图 13.1

此外还有一种曾经是世界上第二大的哺乳动物**无齿海牛**，长6至10米，重5至6.4吨。头部较小，没有牙齿，身体棕灰色，皮肤又硬又厚，分布在北太平洋冷水浅海地带，已于1768年绝灭，从发现到灭绝只经历了短短的27年。

图 13.2

2. 海牛科 TRICHECHIDAE

分布于美洲和西非。

图 13.3

亚马孙海牛　体长 2.5 ～ 3 米，体重 350 ～ 500 千克，上唇特厚，呈半月圆盘状，体色铅灰。分布于亚马孙河流域。见巴西 1998 年国际海洋年面值 0.31 雷亚尔邮票（图 13.3）。

美洲海牛，加勒比海牛　体长 2.7 ～ 3.7 米，体重 0.5 ～ 1.6 吨，嘴巴向下张开，上唇特厚，背部深灰色，腹部稍浅。分布于西印度群岛海域。被列为圭亚那具有代表性的濒危物种，1993 年发行了带熊猫徽的 4 全邮票（图 13.4）。

佛罗里达海牛　见美国 1998 年面值 32 分濒危动物之一邮票（图 13.5）。

西非海牛　见乌干达 1977 年地方动物面值 5 先令邮票（图 13.6）。

图 13.4

图 13.5

图 13.6

十四

偶蹄目 ARTIODACTYLA

脚上具有偶数的趾 2 或 4 个，吃草，大多数反刍。分 9 科。

1．猪科 SUIDAE

野猪　体长 0.9 ～ 1.8 米，尾巴长 20 ～ 30 厘米，重 50 ～ 200 千克，全身体毛黑褐，雄兽犬齿发达变成獠牙。全天活动，性情凶暴，以植物和小型动物为食。平常在电视中，我们看到野猪的尾巴总是左右摇摆，显得很悠闲，这确实是表示安全。一旦遇有危险，它的尾巴立即上扬，尾尖卷成一个圆圈，其他野猪看到，就会马上警觉起来。野猪有异常灵敏的嗅觉，能在 2 米深的积雪下搜寻到一颗核桃。有一种非常名贵的蘑菇叫做松茸，它从不露出地面，而是靠猪的嗅觉用嘴拱出来的，在欧洲名贵美食店，一份这种蘑菇要买上千欧元。另一种名贵的中药猪苓也是靠这种方法寻获。野猪是靠嗅觉来传递信息和找到配偶的位置。分布于欧、亚、北非森林灌丛草原地带。见土耳其 1967 年动物面值 130 库鲁斯邮票（图 14.1）。

图 14.1

西里伯斯猪，鹿豚　体型较细小，头所占大小比例不如普通野猪大，有两对獠牙，其上面一对向上生长弯曲接近一圈，体毛疏少至几乎无毛。仅生活在印度尼西亚的西里伯斯岛和布鲁岛。见印度尼西亚 1969 年动物面值 10 分邮票（图 14.2）。

菲律宾猪　生活在菲律宾的亚种，弯曲的獠牙很小。见菲律宾 1979 年菲

图 14.2

图 14.3

图 14.4

律宾动物面值 2.2 比索邮票（图 14.3）。

宿务猪 嘴很长，头后鬣毛很长，獠牙不太发育。见菲律宾面值 2 比索动物邮票下部两枚（图 14.4）。

老挝猪 头大嘴长，与普通野猪相近，但有两对短獠牙，背上鬃毛很长，一直延伸到近臀部。见老挝 1970 年 4 全野生动物面值 20 基普邮票（图 14.5）。

图 14.5

图 14.6

马来髭猪 有两对獠牙，其中一对特长，特征像西里伯斯猪，但体型上头部及前半身大，后半身小，又与普通野猪相似。见北婆罗 1909 年面值 10 分邮票（图 14.6）。

小野猪 体长只有 58 ～ 66 厘米，尾巴长 3 厘米，重 8 ～ 10 千克，体毛黑色。分布于印度东北，不丹一带。见不丹 1966 年面值 2 努尔特动物邮票（图 14.7）。

红河猪，非洲野猪 体长 0.9 ～ 1.3 米，尾巴长 38 厘米，个子较高，身高 55 ～ 90 厘米，重 46 ～ 100 千克。非洲野猪颜色比较鲜艳，体毛砖红色，这与欧、亚野猪有很大的不同，分布于非洲西部至中部。木尼河（现赤道几内亚）1967 年面值 1 皮塞塔动物邮票（图 14.8）。

图 14.7

图 14.8

非洲河猪 体长 0.9 ～ 1.3 米，

尾巴长 38 厘米，重 46～100 千克，体毛黑褐至红褐色，额部及颈部白色。分布于非洲大部分森林地带。见博茨瓦纳面值 20 西比邮票（图 14.9）。

图 14.9

图 14.10

大林猪 体型较大，长 1.3～2 米，尾巴长 30～45 厘米，身高 0.85～1 米，重 130～250 千克，体毛灰褐色，颈部与肩部有鬃毛，雌雄均有向上弯曲的獠牙。分布于非洲中部东部。见加纳 1993 年野生动物面值 50 比塞瓦邮票（图 14.10）。

非洲疣猪 毛杂乱无章，脸上长满赘肉，但身体非常强壮，敢于用獠牙与对手搏斗，分布于热带和南部非洲。见莫桑比克 1976 年面值 7.5 梅蒂卡邮票（图 14.11）、西南非洲 1987 年面值 16 分邮票（图 14.12）。非洲疣猪的一个亚种被吉布提当作具有代表性的濒危物种，吉布提 2000 年发行了带熊猫徽的 4 联邮票，面值都是 100 法郎（图 14.13）。

图 14.11

图 14.12

图 14.13

2. 西瑞科 TAYASSUIDAE

领西瑞，环颈西瑞 因颈部的环形花纹而得名。体长不过 0.9 米，獠牙比

图 14.14

图 14.15

图 14.16

图 14.17

较短，对食物从不挑剔，从昆虫、种子到仙人掌的果都喜欢吃。分布在从美国到阿根廷的整个美洲。见圭亚那 1981 年面值 30 分动物邮票（图 14.14）。

白唇西瑞 颈部没有环纹，但嘴边有白斑。见厄瓜多尔 1961 年面值 10 分动物邮票（图 14.15）。

巴拉圭猪，草原西瑞 毛色比西瑞浅，为灰白色。见于巴拉圭 1991 年濒危动物面值 0.5 瓜拉尼邮票（图 14.16）、阿根廷 2002 世界动物保护组织面值 4 连邮票右下那枚（图 14.17）。

3. 河马科 HIPPOPOTAMIDAE

图 14.18

河马 体重可与象比美，非洲最大的哺乳动物之一，体长不超过 4 米，体重可达 3 ～ 3.5 吨，獠牙可长达 0.5 米。白天待在水里，每晚需吃草达 40 千克。分布于非洲撒哈拉沙漠以南。发行河马邮票的国家很多，如索马里 1989 年面值 216 先令动物邮票（图 14.18）。

倭河马 个体比较小，体长不超过 1.7 米，成年体重 160 至 240 千克，仅从外貌看好像河马的幼体，但二者结构不同，倭河马的头和嘴比较圆，仅有一对上门齿，眼睛在头的两侧，不像河马的眼睛位于头上方并且突起、有两对门齿。生活在西非热带森林里，以树叶和掉在地上的果实为食，只有遇到危险时才逃到水里。见刚果 1994 年面值 50 法郎邮票（图 14.19）。

图 14.19

4．骆驼科 CAMELIDAE

野骆驼　毛色淡棕黄，有两个驼峰，体态比家骆驼稍瘦，四肢细长，眼睛外面有两排长而密的睫毛，并有双重眼帘，鼻孔有瓣膜，使它能适应多风的沙漠地区生活。由于人类的干扰，野骆驼已十分稀见，被列为中国的一类保护动物，仅分布于中国新疆、甘肃和蒙古西部。见中国 1993 年发行野骆驼邮票（图 14.20）。

图 14.20

双峰驼　800 年前由野骆驼驯化而成，比野骆驼肥大而丰满，毛灰色，有两个驼峰，体长不超过 3 米。分布在亚洲中东部。见蒙古 1958 年面值 1 图格里家畜邮票（图 14.21）。

单峰驼　毛黄色，只有一个驼峰，体长不超过 3.4 米，5000 年前就已被驯化，一次能喝下 50 升水储存在体内慢慢使用。分布在北非和中东。突尼斯 1968 年面值 10 密尔动物邮票便是（图 14.22）。

小羊驼　外表看起来娇小，但能在海拔 5000 多米的荒山生存，在这样稀薄的空气下，仍能以时速 50 千米奔跑。由于遭大量捕杀，野生的已非常罕见。见阿根廷 1984 年面值 20 比索动物邮票（图 14.23）、阿根廷 2002 世界动物保

图 14.21

图 14.22

图 14.23

图 14.24

护组织面值 1 元 4 联邮票右上角（图 14.24）。

美洲羊驼　是被驯化了的大羊驼，有人认为目前世界上的驼羊全部是 1000 多年前被驯化驼羊的后代，野生驼羊已于 16 世纪被捕杀灭绝。体型较大，体长可达 2.2 米，但仍不足以驮人，是马和驴引进美洲前唯一驮运粮食货物的动物。毛厚，可为人们提供皮革、纺线、制毯、食物。见玻利维亚 1939 年面值 2 分动物邮票（图 14.25）。

图 14.25

图 14.26

图 14.27

羊驼　也是一种被驯化了的大羊驼，饲养的目的是为了优质的毛，有些毛很长，几乎垂到地上。见秘鲁 1968 年面值 5.6 索尔邮票（图 14.26）。

原驼，大羊驼　与小羊驼接近，个头稍微大一点，体长不超过 1.7 米，肩高可达 1.9 米。见秘鲁 1995 年面值 1.7 索尔邮票（图 14.27）。

5. 鼷鹿科 TRAGULIDAE

鼷鹿　身材矮小，肩高仅 30 厘米，行动诡秘，鼷鹿不长鹿茸，却有向下生长的小獠牙，实际上它与野猪的亲缘关系比鹿更近。分布于印度尼西亚、马来西亚、中印半岛。见马来西亚 1979 年面值 50 分邮票（图 14.28）。**小鼷鹿**　是 4 种鼷鹿中最小的一种，也是最小的有蹄类哺乳动物，体长 42～48 厘米，尾长 5～7 厘米，身高 33 厘米，体重 125～210 克，比一只野兔大不了多少，毛色褐黄。分布于印尼和泰国。见老挝 1971 年面值 50 基普邮票（图 14.29）。**菲律宾鼷鹿，麝**

图 14.28

香鹿　是4种鼷鹿中毛色最深的一种，为褐黑色。见菲律宾1995年面值2比索4联邮票之一（图14.30）、马来西亚2004年小型张邮票右下角（图14.31）。**鼠鼷鹿**　体型小，而且毛色深，为深褐色。见菲律宾1969年面值75分邮票（图14.32）。

图 14.29

图 14.30

图 14.31

原麝，喜马拉雅麝，香鹿　麝共有5种，雌雄均不长角，而有向下生长的獠牙，独居生活，嗅觉灵敏，腹部有产麝香的腺囊。麝香在2000多年前的汉代就是宝贵的药材，历朝都要求各地进贡麝香，以供皇室熏香治病所用，其价格逐年上涨，1870年还是等量黄金的1/2，到2002年已上涨到黄金的6～8倍，雄麝因出产麝香而招人捕杀，大大加速了麝的灭绝速度。5种麝均被列为世界一级保护动物，主要分布在中国西部及周边地区。其中**林麝**是麝类中体型最小的一种，体长仅0.7米，体重7千克。见不丹1990年珍稀动物小型张（图14.33）。

图 14.32

图 14.33

图 14.34

斑鼷鹿 体长 50～58 厘米，肩高 30 厘米，体重 3 千克，毛色灰，背两侧各有三条浅色斑纹，分布于印度和斯里兰卡。见斯里兰卡 1981 年面值 4 卢比邮票（图 14.34）。

图 14.35

刚果鼷鹿，水鼷鹿 肩高 33～36 厘米，毛色黄褐至灰褐，背部有不规则或稍规则排列的斑点，近腹两侧各有两条横纹。分布于赤道非洲和西非。见木尼河（现赤道几内亚）1966 年面值 1.5 皮塞塔动物邮票（图 14.35）。

图 14.36

角麂，赤麂 体型小，重 18～22 千克，雄兽的犬牙延伸成獠牙，鹿角短，先向后，再向内，两角尖相对而生，毛色赤褐。分布于中国南方及东南亚。见马来西亚 2004 年小型张左下角（图 14.31）。**华南角麂，小麂** 体型小，体重 15～17 千克，雄兽上犬齿发达，雄兽有短小的角，毛色黄褐。分布于中国南方。见中国香港 1982 年面值 5 元动物邮票（图 14.36）。

6. 鹿科 CERVIDAE

普渡鹿，南方普渡鹿 仅次于鼷鹿世界上最小的鹿之一，体长只有 0.7 米，身高 35～58 厘米，发育成熟后也只有 7 千克重。见智利 1985 年面值 10 比索邮票（图 14.37）、阿根廷 2002 年面值 1 元邮票（图 14.38）。**小普渡鹿** 体型很小，鹿角也非常短。见哥伦比亚 1986 年面值 50 比索邮票（图 14.39）。

图 14.37

图 14.38

图 14.39

潘帕斯鹿 体长不超过1.4米，幼鹿身上带斑点，成年后变为灰色或棕色，鹿茸一般分两三个杈，分叉距离比较近，与许多鹿一样，它的蹄子上也有香囊腺，用这种气味来标明各自的领地。过去分布在整个潘帕斯草原，它的栖息地被牛群占领后，生存已变得很困难。见巴西1982年面值30克鲁兹动物邮票（图14.40）、阿根廷2002年世界动物保护组织邮票（图14.41）。

图 14.40

图 14.41

南美泽鹿 体型大，鹿角很大，多次分叉。见巴拉圭1972年南美动物面值0.25瓜拉尼邮票（图14.42）。

白尾鹿 因尾巴下面有一撮白毛而得名，遇到危险时，就会把尾巴高高翘起，这撮白毛的闪现，就向同伴发出了警告信号。白尾鹿体长不超过2.1米。能在美洲大陆任何环境下生活，得益于它各种食物都能吃。见加拿大2006年面值1元动物邮票（图14.43）。

图 14.42

图 14.43

麅 体长不超过1.3米，体小胆怯，经常独居，夜间觅食，使它成功地隐居在人类鼻子底下而少被发现。雄麅有短而尖的角，分布在欧洲和亚洲北部。见捷克斯洛伐克1963年面值1.2克朗邮票（图14.44）。

麋，驼鹿 世界上最大的鹿，体长可达3米，重500千克，角顶部扁平，鹿群通常由母鹿和幼鹿组成，雄鹿独居。分布在北极圈附近，共有7个亚种。模式亚种产于欧洲，见波兰1954年波兰森林动物面值60格罗兹邮票（图14.45）、

图 14.44

图 14.45

纽芬兰 1919 年面值 2 分邮票（图 14.46）。

驯鹿 这是唯一雌、雄都长角的鹿，宽大的蹄子使它能适应雪地行走，生活在北极圈冻土带附近来回迁徙。在加拿大有 4 个亚种：北美皮里驯鹿、北美荒原驯鹿、北美林地驯鹿和夏洛特皇后岛驯鹿。1959 年前最大的群体可达 50 万头，每年大约猎杀 10 万～20 万头，现数量已大为减少。见加拿大 1988 年发行的面值 74 分邮票（图 14.47）。

图 14.46

图 14.47

图 14.48

黄沾鹿，扁角鹿 因鹿角顶部扁平而得名，身上带有斑点，是欧洲最漂亮的一种鹿，体长不超过 1.7 米。见匈牙利 1953 年面值 80 费来邮票（图 14.48）。

同物异名

指同一物种有多个不同名字。俗名和学名都有这种现象。俗名如黄沾鹿与它的英文俗名翻译 fallow deer 中 fallow 淡棕色的有关；而扁角鹿则是根据它的特征，一对角是扁平的而来。在按双名法命名的拉丁文学名中，最典型的例子是亚洲的犀牛，有两种情况，一种是属名相同种名不同，如印度犀，也叫独角犀，都来源于拉丁文的意译，它有 4 个不同的种名：Rhinocerus unicornis、R.asiaticus、R.stenocephalus、R.indicus；第二种是种名相同而属名不同，如苏门犀，也叫双角犀，曾分属于 4 个不同的属：Rhinocerus、Didermocerus、Dicerorthinus、Cerotorhinus，但种名都是 sumatrenus。这是由于当时定种人查阅资料不够或在各自并不知晓的情况下同时命名造成的，以后发现实际上系指同一物种，就被归并为同一种。按照命名优先的原则，以最先发表的名字为准，其他命名作废。在每次正式记述发表论文时，它们将按照发表年月顺序一一列出，被称为同物异名。

图 14.49

图 14.50

中东鹿，波斯沾鹿　分布于中东地区的亚种。见以色列 1971 年发行的《圣经》时代以色列动物面值 0.02 镑邮票（图 14.49）。

印度花鹿，斑鹿　体型较小，肩高只有 1 米，体重 30 ～ 110 千克，皮毛红棕色，上面有白色斑点。是印度分布最广的鹿，每群可达 200 只，过去经常被老虎吃掉。见越南 1964 年野生动物面值 12 分邮票（图 14.50）。

豚鹿　体型比较矮小，体长 1 ～ 1.75 米，肩高 0.6 ～ 1 米，体重 27 ～ 45 千克，四肢比一般鹿短，显得有些矮胖，而且跑动时，不像一般鹿昂首蹿跳，而是头部低垂，样子有点像猪故名豚鹿，毛色黄褐，喜欢单独活动。过去只知印度、缅甸、泰国有豚鹿，1959 年在我国云南边境也有发现，近来已极难见到，故被列为中国一类保护动物。见泰国 1976 年动物保护面值 5 泰铢邮票（图 14.51）。

图 14.51

图 14.52

黑鹿　只见于越南 1961 年面值 12 分动物邮票上（图 14.52）。

马鹿　体型较大，雄性有一对分叉的鹿角。是世界上分布最广的鹿，在鹿类中个头仅次于驼鹿，体重可达 230 ～ 250 千克，鹿茸长达 1.5 米，鬃毛发达。雄性有角，分 6 叉，体型比雌性大许多。有许多亚种，模式亚种产于欧洲，见捷克斯洛伐克 1963 年面值 2 克朗鹿类邮票（图 14.53），这是一套非常漂亮的 4 色雕刻凹版邮票。生活在北非一带的亚种是**北非马鹿**，见保加利亚 1987 年鹿类小全

图 14.53

图 14.54

图 14.55

张面值 42 斯托汀基图案（图 14.54）。**毛里求斯鹿** 生活在毛里求斯岛上的特化种。见毛里求斯 1954 年面值 1 卢比邮票（图 14.55）。

水鹿 体长不超过 2.4 米，雄鹿体重可达 250 千克。皮毛深棕色，鹿茸长达 1 米，有两三个分叉。生活在南亚和东南亚山坡林地。见老挝 1971 年面值 85 基普动物邮票（图 14.56）。

美洲马鹿 体型大，体重 240 ～ 450 千克，毛色赤褐，四肢和脖子近黑色，雄兽有角，分 6 叉。分布在美国和加拿大森林地带。如美国面值 22 分动物邮票（图 14.57）。

梅花鹿 体型中等，重 70 ～ 100 千克，雄兽第二年开始生角，每年增加一个叉，5 年后共分四个叉而止，雌兽无角，毛色栗红，体侧排列许多白色斑点状如梅花而得名，臀部有白色斑块，行动敏捷。梅花鹿是因为名贵的中药鹿茸而被人类乱捕滥杀，目前中国只有川北诺尔盖、甘南叠部、江西彭泽桃红岭三处还残存野生梅花鹿，估计总共还有 200 ～ 300 只，其他多为人工家养。分布于亚洲东部共有 8 个亚种。见

图 14.56

图 14.57

图 14.58

图 14.59

朝鲜 1993 年台北邮票面值 1 元小型张（图 14.58）。台湾鹿曾广泛分布于台湾东部山地，当地原住民视梅花鹿为吉祥之物或神鹿，从不侵犯它。1940 年后台湾人开始大量捕杀用于装饰、医药和食用，从 1969 年后就再也没有发现它的踪迹了。见苏联 1957 年面值 20 戈比邮票（图 14.59）和中国 1980 年发行的梅花鹿邮票。

泽鹿，坡鹿，悬角鹿 体型中等，体重 60 ～ 100 千克，四肢和颈部比梅花鹿瘦长，雄兽有角，主干不分叉，顶端生 3 ～ 6 个小尖，有的角很大，向后水平生长一段距离后，向上弯曲，再水平向前，并且向前侧方向分出 4 个短叉，形成整个角的主要部分悬在头顶上方的架势，毛色赤褐至黄褐，群居。分布于东南亚 200 米以下低山及平原。见柬埔寨 1972 年面值 6 瑞尔邮票（图 14.60）、老挝 1990 年面值 10 基普邮票（图 14.61）。

图 14.60

图 14.61

菲律宾赤鹿 毛色灰褐，角短小，只有一个很短小的分叉。见菲律宾 1995 型张 8 比索右侧（图 7.2）。

维萨彦斑鹿 体型小，毛色赤褐，背两侧分布大量白色斑点，雄兽有角，但很短小不分叉。见菲律宾 1994 年面值 12 比索小型张（图 14.62）以及面值 4 比索 4 连邮票上部两枚（图 14.63）。

沼鹿 雄兽有角，主干不分叉，顶端分 4 个小叉，其中一个再分两叉。生活在南亚沼泽地带，1972 年国际自然资源保护协会连续宣布沼鹿为濒危动物时，

图 14.62

图 14.63

有人认为沼鹿在印度实际上已经灭绝了。见印度 1976 年印度野生动物邮票面值 25 分那枚（图 14.64）。

麋鹿，俗名**四不像** 角大似鹿非鹿，脸长似马非马，身躯似驴非驴，尾长似牛非牛而得名四不像。夏和商代是麋鹿的鼎盛时期，商朝国王一次狩猎就能猎获 700 多只，所以在中国自古以来是尽人皆知的特有动物。到清朝晚年，皇家鹿苑只剩 300 只，1866 年法国神父大卫盗出两只，将鹿皮带到欧洲，被命名大卫鹿。八国联军攻入北京后被掠劫一空。这些被掠劫分散在各国的麋鹿，被英国贝福特公爵收购放养在乌邦寺，“二战”时疏散在各国。1956 年伦敦动物学会赠给北京动物园 2 对，后又赠送 40 余头，1986 年世界野生动物协会又赠 39 头，被安置在江苏大兴麋鹿自然保护区，进行风土再驯化，2004 年已发展到 200 多头。中国饲养了 1000 多年的鹿种传到英国，然后回归，这得益于人工养殖，不仅保留了世界仅存的一个鹿种，对人类也是一项不朽的贡献。中国 1988 年发行了麋鹿邮票（图 14.65）。

图 14.64

图 14.65

一名多物或同名异物

指一个名字用在多个不同物种上，一般俗名才会发生这种现象。如四不像，除了麋鹿以外，大兴安岭鄂温克族把驯鹿叫四不像，鄂伦春族把驼鹿也叫四不像，青藏高原藏族把苏门羚也叫四不像。在欧美一些国家，他们没有麋鹿，把马鹿叫麋鹿，还有把驼鹿、驯鹿、水鹿也叫麋鹿的。因此只有用拉丁文表示科学的双名法命名的动物名称才是最准确的。

7. 叉角鹿科 ANTILOCAPRIDAE

叉角鹿，叉角羚 长有蹄和每年脱落一次的角使它单列一科，它的角也很特别，顶端向后弯，半中腰还分叉出向上的短尖。它还是世界上仅次于猎豹跑得第二快和有蹄类中最快的动物，时速 60 千米能坚持 1 小时，冲刺时达 80 千米。殖民者到达美洲之前，草原上曾有 3000 多万只叉角羚，20 世纪 20 年代下降到 2 万只，受保护后已大幅回升。见苏联 1961 年面值 10 戈比邮票（图 14.66）。

图 14.66

8. 牛科 BOVIDAE

牛亚科

美洲野牛 殖民者到达美洲前，一个野牛群可达 10 万头，在短短 50 年几乎被猎杀殆尽，幸存的几百头才使这个物种在国家公园里延续至今。美洲野牛体长不超过 3.5 米，头和肩部很大，使它看起来头重脚轻。见于美国 2000 年大草原环境版张邮票中部（9.22）、加拿大 2000 年高速公路风景邮票（图 14.67）。

图 14.67

欧洲野牛 身材不如美洲野牛高大健壮。欧洲野牛曾遍布欧洲，分为两个亚种，一个是波兰野牛，另一个是高加索野牛，第一次世界大战前，它们作为俄罗斯宫廷礼物送往国外，成为帝国的象征。1914 年生活在波兰和白俄罗斯之间比亚沃维耶扎保护区的波兰野牛还有 1000 只，战争中全部被杀死。在世界各国动物园中 45 只人工饲养波兰野牛的后代成功繁殖为 500 头，大部分生活在别洛韦日自然保护区，该区已被列入世界自然文化遗产。野生高加索野牛 1820 年还有 300 头，第一次世界大战前增加为 500 头，“一战”和十月革命后全部消失，只有一头在德国的马戏团于 1925 年死去，所以俄罗斯 2006 年西高加索四联票面值 8 卢布邮票上的野牛恐怕也是重新迁入波兰野牛的后代。见苏联 1964 年动物面值 30 戈比邮票（图 14.68）。

图 14.68

图 14.69

野牦牛 毛长适于保暖，腿短而有力适于爬山，使它能在海拔 6000 米的青藏高原生存。见蒙古 1958 年面值 60 门格邮票（图 14.69）。

白肢野牛，印度野牛 毛色黑，以四肢下半截白色为特征。分布于亚洲南部和东南部。见于印度 1963 年面值 10 派米野生动物邮票（图 14.70）。

爪哇牛 分布在东南亚的另一种牛。见越南 1988 年保护野生动物面值 10 盾邮票（图 14.71）。

林牛，柬埔寨林牛，灰牛 体型小，角短，向上生长后马上向前略弯，毛色深赤褐。这种奇异的牛的分类位置一度搞不清楚。见老挝 1990 年面值 45 基普动物邮票（图 14.72）。

倭水牛，苏拉威西水牛 世界上最小的水牛，体长不超过 1.8 米，肩高不

图 14.70

图 14.71

图 14.72

图 14.73

图 14.74

图 14.75

超过 1 米，许多鹿都比它长的高。生活在印尼苏拉威西岛热带森林沼泽（图 14.73）。

图 14.76

印尼明多罗小水牛 体型略显瘦小，角不长但颇粗，先向两侧然后向上略弯，毛色灰。见菲律宾 1995 年面值 2 比索邮票（图 14.74）。

水牛 体型大，体重 800 ～ 1200 千克，两性都长角，角粗大而扁，向后弯，已驯养为家畜分布在世界各地，家养与野生属同一种。见柬埔寨 1972 年面值 8 瑞尔动物邮票（图 14.75）。

图 14.77

野水牛 四个白蹄，与白肢野牛颇似，但体型更为强壮。见老挝 1990 年面值 40 基普邮票（图 14.76）。**南非野水牛** 体型大，可长 3.4 米，雌、雄牛都长弯曲的大角，公牛角在根部相交形成瘤状突，能掀翻小汽车，撞死成年狮子，黄昏和夜间出来觅食。发行国家很多，如索马里 1989 年面值 198 先令动物邮票（图 14.77）。

图 14.78

麝牛 外表像水牛，但与山羊和岩羚亲缘关系更密切。雌、雄牛都有向下弯的大角，棕色长毛几乎一直垂到地面，蹄子非常大，使它适应北极冻土带的生活。属于群居迁徙性动物。见加拿大 1955 年全国野生动物周面值 4 分邮票（图 14.78）。

盘羊亚科

盘羊，大头羊 体型大，重 100 ～ 140 千克，雌雄兽均有向后旋转的大

图 14.79

角，使头显得很大。在生态上，北山羊喜欢陡峭绝壁，盘羊占据无林的高山丘陵，鹅喉羚喜欢平坦的草原戈壁，各得其所。分布于亚洲中部和南部，在中国就有 9 个亚种。伊朗 2003 年面值 1000 里亚尔盘羊邮票票面为 63 厘米 ×44 厘米，是世界上面积最大的单枚邮票之一（图 14.79）。据说大头羊的角越大，弯曲的圈数越大，地位便越高，这枚邮票上的羊角弯卷 1.2 周，使整个羊头加大了五六倍，是非常难得的。

分布于帕米尔高原的亚种叫**帕米尔盘羊**，因 700 年前首次被旅行家马可・波罗记载：“在帕米尔高原头顶有巨大犄角盘绕的野绵羊”，后人称其为马可・波罗羊。1838 年英国探险家首次将一对盘羊角带回英国，根据地理分布又重新命名为帕米尔盘羊，后来在中亚也发现这种羊，便统称东方盘羊。中国盘羊角，阿拉斯加驼鹿角，落基山马鹿角并称为世界狩猎兽的三绝，由于狂杀滥捕制作标本，1926 年在帕米尔已很难找到活的盘羊了。我们在巴基斯坦 1986 年 2 卢比邮票上可以见识到这种盘羊（图 14.80）。

图 14.80

欧洲野羊，摩弗伦羊，是盘羊的另一亚种，体型较小，重 35～50 千克，有向后弯成螺旋形再向前的大角。最先分布于地中海萨丁岛和科西嘉岛，后被引入欧洲各地。见捷克斯洛伐克 1963 年面值 60 海来野羊邮票（图 14.81）。

图 14.81

阿富汗盘羊　雄羊角向上和后弯成多半周，雌羊仅向上生长且较短。见阿富汗 1998 年 4 连邮票（图 14.82）。

加拿大盘羊，美洲大角羊　体型中等，毛色灰棕，后

图 14.82

腿和臀部白色，雌羊角很小，雄羊角大而弯曲，羊角既是武器，又是身份的象征，老羊的角可形成一个圆圈。分布于北美洲西部。见美国 1972 年保护野生动物面值 8 分邮票（图 14.83）。

图 14.83

绵羊　由欧洲盘羊驯化而成的家畜，雄兽有螺旋状的大角，在世界各地饲养。法罗 1979 年面值 25 克朗绵羊邮票是国际邮票雕刻大师斯拉尼亚自选十大最佳邮票第二名，刀法极为细腻老练，一雕三色胶版印刷，是艺术性极高的优秀作品（图 14.84）。

图 14.84

山羊亚科

旁遮普山羊，高加索山羊　雄兽的角又大又粗，向后伸，然后向下。见巴基斯坦 1975 年野生动物邮票（图 14.85）。

图 14.85

西班牙山羊，比利牛斯北山羊，悬羊　体重 35 ～ 80 千克，雄兽的角很大，与其他羊角不同之处断面是扁的，超过 1 米长，向后上方弯。雌兽较小。分布于比利牛斯半岛裸岩高山地带。1880 年代比利牛斯地区就已经见不到北山羊的踪迹了。在马德里国家动物园最后一只北山羊死于 1892 年。1960 年据说有人发现过类似比利牛斯北山羊的动物，但一直未获得证实。见西班牙 1971 年面值 8 皮塞塔动物邮票（图 14.86）。

图 14.86

北山羊，高山巨角塔尔羊　体型中等，雌、雄兽都有向后弯的长角，可长达 1.4 米，角上有横棱节。因受人类捕杀和雪崩威胁，100 年前只剩 60 只一个小群，受保护后，已恢复到 1 万只，分布于欧洲阿尔卑斯山、中东、中亚。见巴基斯坦 1976 年动物邮票（图 14.87）。

瓦利亚羱羊　在山羊中是角最长的，未旋转，而是一直

图 14.87

向上和后生长，像一把巨型大刀。是埃塞俄比亚具有代表性的濒危动物，1990 年发行了瓦利亚羱羊邮票（图 14.88）。

捻角山羊 以雄兽的角像拧麻花一样旋转向上为特征，但雌兽的角较小，也不成螺旋形。分布于亚洲中部高山森林的崖壁地带。见印度 1996 年喜马拉雅野生物种面值 5 卢比邮票（图 14.89）。

巨角塔尔羊，尼尔吉里塔尔羊 体型小，角不太长，内侧是平的，所以横断面呈半月形，毛色黄褐，背部有一块灰斑。人们相信塔尔羊的肉可治疗发热与风湿而大规模捕杀，面临灭绝。分布于印度南部山区。见印度 2000 年面值 0.5 卢比邮票（图 14.90）。

图 14.88

图 14.89

喜马拉雅塔尔羊，长毛羊 塔尔羊外貌很像山羊，但是嘴下光秃，不长胡子，肩部和颈部都有长毛直垂膝部。体型中等，体重 80 ～ 100 千克，雌雄羊都有灰褐色角，角短而侧偏，角上有皱纹，蹄子粗大，尾巴短，毛色红棕至深棕。数量非常稀少，被列入一级保护动物。分布于克什米尔至中国西藏山坡丛林，喜欢群居，警惕性极强，一有异常情况哨羊便发出警告。见贝宁 2003 年面值 250 法郎动物邮票（图 14.91）。

鬣羊，峦羊 体型大，重 50 ～ 115 千克，以前胸至前腿生有柔软的长毛为特征，雌雄兽都长角，性情好斗。分布于北非的岩石荒原。见毛里塔尼亚 1978 年面值 55 乌吉姆动物邮票（图 14.92）。

图 14.90

图 14.91

图 14.92

岩羚亚科

岩羚，臆羚　体型中等，体长不超过1.3米，体态优美，角比较短，突然弯成一对钩状，脚上长有防滑的蹄子，连出生几天的幼兽都能在悬崖峭壁跳上跨下，臆羚群由雌羚和幼羚组成，由雌羚担任首领，雄性单独生活，发情时才进入羚群。分布于南欧、中欧、西亚。见波兰1954年面值1.9兹罗提动物邮票（图14.93）。

图 14.93

鬣羚，苏门羚　体型大，重100～140千克，雌雄兽都有短角，毛色赤褐，头后至颈背有灰白长毛。分布于中国南方至东南亚。见马来西亚2003年羊年邮票（图14.94）。

图 14.94

日本鬣羚　体型小体重50～60千克，雌雄兽都有短而尖的角，毛色黑灰，下颌淡黄，颈背鬣毛较短。分布于日本南部及中国台湾海拔1000～3000米高山密林。见于日本面值8日元国宝动物邮票（图14.95）。

斑羚　斑羚阿姆里亚种毛色较浅，为灰白色，喉部为白色。见爱沙尼亚2000年动物园面值3.6克朗邮票（图14.96）。

扭角羚　国际野生动物保护组织专家说它六不像：脊背隆起像棕熊，倾斜的后腿像斑鬣狗，四肢粗短像家牛，脸部像驼鹿，宽短的尾巴像山羊，双角像角马。就是由于它介于牛与羊之间，又有人认为它与麝牛是近亲，

图 14.95

图 14.96

图 14.97

图 14.98

曾为它的定名带来很大的难题。古老而又非常珍稀，在动物演化方面又有很高科研价值。可分 4 个亚种，喜马拉雅山以北的模式亚种毛色深褐，喜马拉雅山之南的亚种肩部毛色黄，体型小毛短，四川亚种前半身黄，下肢黑色，秦岭亚种最漂亮，体态高大，毛色乳白，毛尖微带金黄，又称**金毛羚牛**。雌牛有个特别习惯，一到孕期，就寻找有盐碱的岩洞舔食，所以又得了个食盐兽的名字。见于不丹 1993 年环境保护小全张右上角邮票（图 14.97），中国 1991 年野羊邮票中也有一枚是（图 14.98）。

图 14.99

雪羊，美洲山羊　体型中等，生活在北美雪线附近岩石区，以低矮植物为食，与其他山羊相比，它的行动比较迟缓，所以经常死于雪崩。分布于北美西北部陡坡悬崖地带。见加拿大 1956 年全国动物周面值 5 分邮票（图 14.99）。

真羚亚科

鹅喉羚，波斯小羚羊　在发情期雄羊喉部鼓胀而得名，与黄羊相近，但尾巴较长，故又叫长尾黄羊。体长 0.8 ～ 1.4 米，体重 25 ～ 35 千克。分布于亚洲中部从蒙古到伊朗、叙利亚的广大地区。从苏联 1985 年发行的 5 全苏联的珍贵动物面值 45 戈比这枚大型邮票（图 14.100）上可以看出，毛色背部黄褐色，胸、腹、四肢内侧和上唇、喉部均为白色，这是雄兽，所以有角，角向后弯不长，具有显著的环状横棱。巴林 1993 年发行了一套 4 枚鹅喉羚邮票（图 14.101），把该亚种羊当作该国具有代表性的濒危动物，它们的毛色明显比原种要浅。

图 14.100

居氏瞪羚　体长只有 1 米左右，但体重有 35 千克，比鹅喉羚稍壮一点，耳朵细长，角稍竖直向上，

图 14.101

图 14.102

臀部和腹部白色，两肋为两大块明显的黑色。分布于北非开阔林地至沙漠边缘。阿尔及利亚 1992 年发行的羚羊邮票其中面值 6.2 第纳尔即是（图 14.102）。**斯派克瞪羚** 见索马里 1955 年面值 0.5 索马里羚羊邮票（图 14.103）。**索氏瞪羚** 体型中等，长 1.2 ～ 1.5 米，重 38 ～ 46 千克，背、侧赤褐色，腹白色，角向后弯，末端向内收。分布在东非高原的山脚平原地带。意属索马里 1955 年曾发行 6 枚一套小型羚羊邮票，其中面值 1.2 索马里（图 14.104）即是。**汤氏瞪羚** 体长 0.8 ～ 1.2 米，体重 15 ～ 35 千克，背和两侧为赤褐色，腹部白色，两肋有黑色斑带，两性都长角，它的角比前几种要细长一些。分布于东非干旱草原和灌木丛林地带。主要在清晨和黄昏出来活动。见布隆迪 1975 年面值 14 法郎邮票（图 14.105）。**葛氏瞪羚** 体型稍大，身长 1.4 ～ 1.7 米，体重 40 ～ 80 千克，面部有黑色斑纹，背和两侧为赤褐色，腹和臀白色，它的角要细长的多了。分布在东非大草原和灌木丛林地带。厄立特里亚 1934 年意殖民展览邮票就以葛氏瞪羚为主图（图 14.106）。

图 14.103

图 14.104

图 14.105

图 14.106

图 14.107

苍羚 体型比前几种大，长 1.5 米左右，重 40～75 千克，背面和颈部毛色为棕色，面部、喉、臀部均为白色。分布于萨哈拉大沙漠两侧广大的沙漠和干旱地带，夜行活动。见卢旺达—乌隆迪 1964 年面值 6.5 法郎动物邮票（图 14.107）。

图 14.108

鹿羚 体长 1 米左右，但体重只有 15～20 千克，体态更加轻盈，角细向上弯，腹部白色，但两肋的黑色有的个体明显，有的不明显，比较胆小，晚上才出来觅食，而且成小群活动。分布在北非、东北非至阿拉伯半岛。见阿尔及利亚 1992 年面值 1.5 第纳尔邮票（图 14.108）。

图 14.109

细角羚 体小，长 1～1.1 米，重 20～30 千克，背和两侧灰茶黄色，腹和臀白色，角略长。分布于北非、东非至阿拉伯半岛。见乍得 1975 年面值 40 法郎邮票（图 14.109）。

跳羚 体长 0.9～1 米，重 37～50 千克，雌雄均长角，角细长，向两侧弯后末端向内收，毛色与汤氏瞪羚相近，两肋褐黑色斑，以极善奔跑跳跃而得名，一跳有 3.5 米高，刚落地又能继续弹跳，两侧明显的黑斑和白臀闪烁，能起到干扰狮豹视线的作用。19 世纪曾有 1000 万头的羚羊群，是地球上最大的动物群，分布于安哥拉以南的整个非洲南部。见南非 1954 年面值 1 先令 3 便士邮票（图 14.110）。

长颈羚，麒麟羚 最大特点就是长了一个像长颈鹿那样的长脖子并得名，也演化出像长颈鹿那样的本事，经常用后腿占立，前腿支在树干上，伸长脖子用上唇和舌头卷扯树叶吃，肩高仅有 1 米，却能够到 2 米高的食物。体长 1.5 米，体重 40～50 千克，雄性有角，雌性无角。仅出产在东非索马里和肯尼亚的沙漠边缘荆棘丛林地带。见索马里 1967 年面值 1 索邮票（图 14.111）。

图 14.110

藏羚 体型中等，体重 45 ～ 60 千克，成年雄性角很长，高高竖起，毛色淡黄褐微带粉红。仅分布于青藏高原海拔 3700 ～ 6000 米高寒草甸区。毛极为珍贵，称为绒中之王，古代传说可以通过一枚戒指的围巾，可能就是现代用藏羚绒织被称为的沙图什（Shahtoosh），一张藏羚皮只能加工成 125 ～ 150 克羊绒，织成披肩，在克什米尔地区可卖 600 ～ 800 美元，在欧洲则卖 8000 ～ 20000 美元，利润之高，令偷猎者铤而走险，我国 1995 年一次曾截获藏羚皮 1000 多张。现为中国一类保护动物。我国 2003 年发行有藏羚邮票（图 14.112）。

图 14.111

图 14.112

高鼻羚羊，赛加羚羊 你知道我国名贵中药羚羊角的主要来源是哪种羚羊吗？它不像犀牛角来自国外，而是来自国内新疆的高鼻羚羊，由于无节制的乱捕滥猎，高鼻羚羊在我国 1960 年时就已走向灭绝，造成之后中药所用的羚羊角全部从国外进口。高鼻羚羊在世界上连三级保护动物名单都进不了，因为在苏联 1960 年还有 100 多万只，近年也还剩 10 万只，蒙古还有 300 多只，可是在中国已几十年不见踪迹，故被列入中国一级保护动物。高鼻羚羊以鼻腔呈肿胀膨大为特征。分布于亚洲中部丛灌荒漠地区。见蒙古 1959 年面值 50 门格动物邮票（图 14.113）。

图 14.113

角羚亚科

黑斑羚，高角羚 体型中等，体长不超过 1.5 米，体态优美，一步可以跳出 10 多米，是非洲最灵活的羚羊。生活在东非和南部非洲开阔林地和热带稀树草原。见坦桑尼亚 1980 年面值 1 先令动物邮票（图 14.114）。

图 14.114

苇羚亚科

小苇羚 小苇羚共有3种，性情温和，跑起来都是跳跃式，步幅很大，雄性的角比较短。生活在中非和南部非洲沼泽、潮湿草地。见布隆迪1971年面值3法郎动物邮票（图14.115）。

山苇羚 体型中等，体重30～32千克，雄兽有向上生长不长的角，毛色灰褐，头和颈部红褐色。分布于东非、南非山地草坡地带。见莱索托1987年面值3马洛蒂邮票（图14.116）。

短角羚 体型中小，重20～30千克，耳朵细长，毛色灰褐，雄兽有纤细的角。分布于南非山坡草地。莱索托1987年面值0.05马洛蒂邮票（图14.117）。

图 14.115

图 14.116

图 14.117

侏羚 是矮羚羊中体型最大的一种，体长1.4米。矮羚羊包括王矮羚、犬羚、山羚。毛色红棕，腹部白色，尾巴黑色，耳朵下面有一块不长毛的地方，这里有腺囊可以施放香味，一般羚羊以灌木为食，它是唯一以草为食的羚羊。分布于撒哈拉沙漠以南。该种被斯威士兰定为该国具有代表性的濒危物种，曾发行了带熊猫徽的4连邮票（图14.118）。**哈氏侏羚** 体型小巧轻盈，角也短小，毛色灰黄。见索马里1955年面值0.35索邮票（图14.119）。

图 14.118

岩羚，或称山羚 体小，长不过0.9米，生活在岩石裸露的山崖峭壁，能够站在几厘米宽的岩石间跳来跳去，毛色灰棕，雄羊有又长又尖的角。分布于东非、西南非、尼日利亚北部山区。见斯威士兰1997年面值0.5埃马兰基尼邮票（图14.120）。

图 14.119

图 14.120

水羚 因总是在水边活动而得名。肩高只有1.3米，体重却可达200千克，雄羊有弯曲的长角，形状好像钳子，毛灰或红棕色，身上有一种油性物质，闻起来像麝香。见索马里1956年面值1.5索马里羚羊邮票（图14.121）。**瓦氏水羚** 体型中大，体重60～77千克，雄兽有角，先向外再向内弯，毛色黄褐，有白眼圈。分布于非洲东偏南水草环境。被马拉维当作该国具有代表性的濒危物种，发行了面值50克瓦查4连邮票（图14.122）。**肯尼亚水羚** 比非洲水羚稍小，毛也比较短，浅棕色，眼睛周围有白圈，雄羊有朝后生长漂亮的角。生活在热带非洲河流和水塘附近。刚果1978年带熊猫徽面值300法郎邮票（图14.123）。**德法萨水羚** 角微向外，再向内收，好像一把钳子，毛色褐灰。见于加纳1994年面值2000塞地小型张（图14.124）。

图 14.121

图 14.122

驴羚 体型中大，体重74～118千克，雄兽有角，向上生长，不算很长，毛色红褐，腹部白色。分布于非洲中部及中南部。见坦桑尼亚1995年面值150先令那枚邮票（图14.125）。

图 14.123

图 14.124

图 14.125

犬羚亚科

犬羚　这种微型羚羊体长不过 0.7 米，体重 5 ～ 5.6 千克，生着一对大眼睛和大耳朵，头上有冠毛，鼻子好像短短的猪鼻子，毛色灰褐，两体侧褐色，有白色眼圈，逃跑时沿着之字形路线，使敌人很难抓住。分布于非洲中部和西南部。西南非洲 1976 年自然保护动物邮票面值 10 分即是（图 14.126）。**盐犬羚**　毛色赤褐，背和臀部较浅灰色。见阿法尔 1973 年面值 50 法郎邮票（图 14.127）。**菲氏犬羚**　头顶黄褐，脖子和下颌白色。见索马里 1956 年面值 0.45 索马里先令羚羊邮票（图 14.128）。

图 14.126

图 14.127

图 14.128

倭羚亚科

石羚　体态轻盈，重 11 千克，雄兽角细而短，毛色茶黄。分布于非洲东部和南部草原地带。见莫桑比克1977年面值2梅蒂卡邮票（图14.129）。

王羚，王矮羚　世界上仅次于小鼷鹿最小的有蹄动物，肩高25厘米，体长不超过50厘米，只相当于一只大个儿的鸡。雄羊的角只有2.5厘米长。这样的体型倒是适合在西非茂密的森林里隐藏生活。见利比里亚1942年面值1分动物邮票（图14.130）。

图 14.129

图 14.130

多哥1996年世界野生动物保护基金4连邮票顺时针方向分别是：**棕羚**　毛色赤棕，背部和四肢棕黑色。**麦氏倭羚**　体型小重8～9千克，毛色灰褐至蓝灰。分布于西非森林地带。**红肋小羚羊**　毛色红褐至橙黄，体型小，重9～12千克。分布于非洲中部至西部森林及边缘地带。**黄背小羚羊**　以背上近臀部有一块非常明显的黄色斑为特征，体型稍大，重45～80千克，毛色暗褐至黑。分布于非洲中部至西部森林草原地带（图14.131）。

图 14.131

斑背小羚羊　以整个背部布满12～15条黑色横条纹为特征，体型较小，重9～20千克，毛色红褐。见利比里亚1942年面值5分动物邮票（图14.132）。**詹氏小羚羊，白肩小羚羊**　体重70千克，头和颈部黑色，肩背至前腿白色，其余银灰色，角短，晚上活动。分布于西非利比里亚、塞拉利昂、科特迪瓦。见津巴布韦1987年面值35分羚羊邮票（图14.133）。**蓝小羚羊**　邮票发行时尚未正式命名，但已印出该英文俗名。

图 14.132

图 14.133

图 14.134

图 14.135

毛色蓝灰，体型很小，仅重 4 ～ 4.7 千克。分布于撒哈拉沙漠以南广大森林地带。见津巴布韦 1987 年面值 30 分羚羊邮票（图 14.134）。**海湾小羚羊** 分布于几内亚湾周围一带。见加纳 1993 年面值 80 塞地野生动物邮票（图 14.135）。

普通小羚羊 体型中等，体长 0.85 ～ 1.15 米，体重 15 ～ 28 千克，雄兽有向上的短角，毛色变化范围颇大，黄灰至红褐。分布于非洲东部、南部、西南部。毛色黄灰至红褐如冈比亚 1990 年面值 0.5 达拉西邮票（图 14.136），毛色灰至深灰如津巴布韦 1987 年面值 15 分羚羊邮票（图 14.137）。

图 14.136

图 14.137

长角羚亚科

直角大羚羊，好望角大羚羊 像马一样强壮、长着长角的马羚类有 5 种，其中有些角比较弯，但直角大羚羊的角几乎是直的，能够达到 1 米多长，非常尖利，直角大羚羊不用喝水，是从食物中获取水分。分布在东非和西南非。见西南非洲 1980 年面值 5 分邮票（图 14.138）。

图 14.138

白长角羚 体型大，体重可达 130 ～ 190 千克，雌雄兽都有弯刀状的长角，角上有横棱，头部和身体白色，好合群，善于在沙漠中行走。栖息在撒哈拉大沙漠及半荒漠地区。突尼斯 1989 年动物邮票面值 350 密尔即是（图 14.139）。**贝萨长角羚** 毛色灰白，通过鼻、眼、颊有 3 道平行的斑纹，两

图 14.139

图 14.140

图 14.141

前肢上部也有一道黑色环。见阿法尔和伊萨（现吉布提）1973 年面值 30 法郎邮票（图 14.140）。**布兰长角羚**　毛色赤褐，两角又直又长。见毛里塔尼亚 1961 年面值 85 法郎邮票（图 14.141）。**阿拉伯长角羚**　毛色白，鼻子和四肢为黑色，雌雄均有又长又直的两角，这是它们对敌的有力武器，体重 200 千克，生活在阿拉伯半岛干旱平原和沙漠地带，过去有上千只大群，现在已十分稀少。以色列 1971 年《圣经》时代以色列的动物邮票面值 0.05 镑即是（图 14.142）。

旋角羚　体型大，体重 100 ～ 120 千克，雌雄兽都有巨大旋转的长角，很早就已引起史前人类的注意，出现在史前绘画上。前额有一片深褐色的毛，毛色可以随季节变换，夏季白沙土色，冬季灰棕色，成群活动，很少饮水。分布于非洲北部干旱沙漠地带。见布隆迪 1975 年面值 1 法郎邮票（图 14.143）。

马羚　体型高大粗壮，体重 225 ～ 300 千克，角很长而向后弯，颈部有鬃毛，毛色黄褐，脸部有黑色和白色斑块。分布于非洲东部、西部、南部稀疏林地。比属刚果 1959 年动物面值 10 分上可见（图 14.144）。**黑马羚**　全身毛色暗褐至黑，只有脸部和腹部有白斑。见于南非 1954 年 10 先令邮票（图 14.145）。

图 14.142

图 14.143

图 14.144

图 14.145

狷羚亚科

图 14.146

狷羚，麋羚 体型中等，体长不超过 2.4 米，体重 120 ～ 150 千克，鼻部较长，肩部有一定斜度，毛比较短，两性都长有非常弯曲的角，毛色红褐。麋羚曾是非洲分布最广的羚羊，现在只有在南部非洲稀树草原才能见到。见上沃尔特 1978 年面值 175 法郎邮票（图 14.146）。

大狷羚 体型较大，毛色橙黄。见扎伊尔 1982 年面值 6.5 扎伊尔邮票（图 14.147）、科特迪瓦 1963 年波拿自然保护区小型张面值 10 法郎邮票（14.148）。

图 14.147

礼氏狷羚 体大结实，体重 170 ～ 200 千克，雌雄兽都有弯成 S 形的角，体色茶黄，四肢前部和尾巴黑色。分布于东非草原地带。见莫桑比克 1991 年世界野生动物基金会 4 连邮票（图 14.149）。

图 14.148

图 14.149

图 14.150

亨氏牛羚 体型大，但体态颇轻巧，体重 75 ～ 160 千克，鼻子较长，雌雄兽都有角，角长而弯曲，发育横棱，毛色茶黄。分布于肯尼亚和索马里开阔草原。见索马里 1968 年面值 5 索马里羚羊邮票（图 14.150）。

白尾牛羚 体型大，体重 110 ～ 180 千克，雌雄兽都长角，面部很长，毛色暗褐，尾巴白色。分布于南非北部草原。见布隆迪 1975 年面值 24 法郎邮票（图 14.151）。

图 14.151

图 14.152

黑尾牛羚，牛羚，角马　体重 155 ~ 270 千克，其貌不扬，两只眼睛距离非常近，尾巴黑色。是非洲生命力最强的动物，随季节进行长途迁徙，寻找新鲜牧草，“动物世界”和其他与动物生存有关的电视节目上，所播送的坦桑尼亚塞伦盖蒂国家公园 100 多万只角马大迁徙的壮观场面，就是它，因此成为地球上最大的单群动物。见贝宁 1996 年面值 100 法郎有蹄动物邮票（图 14.152）。

薮羚亚科

山薮羚　体型大，体重 150 ~ 300 千克，雄兽的角长而扭曲，毛色灰褐，体侧各有一些白色斑纹。见埃塞俄比亚 1966 年面值 30 分动物邮票（图 14.153）。

图 14.153

大旋角羚，大弯角羚　螺旋状的角有 1 米多高，如果展开就更长，是所有羚羊中最华丽的，所以它也因如此漂亮的角而遭捕杀。体型大，长 2.4 米，白天黑夜都在觅食。分布于东非、中非和非洲南部。埃塞俄比亚 1989 年动物中面值 30 分即是（图 14.154）。

薮羚　体型中等，体重 30 ~ 45 千克，雄兽有向上的长角，毛褐色，体侧有一排白色小斑点，喉部和前胸有白色斑块。分布于非洲东部、西部、南部森林中。见尼日尔 1977 年面值 90 法郎邮票（图 14.155）。

图 14.154

图 14.155

图 14.156

图 14.157

图 14.158

林羚 体重 50 ~ 125 千克，雄兽有大而弯的角，毛色红褐，背上有一条黑色纵纹，眉部、两眼间、颊部、喉部、前胸均有白色斑块，成群活动。分布于非洲东部、中部、西部河湖芦丛地带。见布隆迪 1975 年面值 26 法郎邮票（图 14.156）。**小林羚** 体重 62 ~ 100 千克，毛色灰褐，雄兽的角长而扭曲，毛色灰褐，体侧有 15 条左右白色横斑纹，四肢有黑、白、橙色斑纹。分布于非洲东部。见索马里 1955 年面值 3 索马里邮票（图 14.157）。**安氏林羚** 体型大，体重 59 ~ 115 千克，毛褐色，背部有一条黑色纵纹和许多平行排列的横纹，两颊有白色斑。分布于非洲中南部。见布隆迪 1975 年面值 1 法郎邮票（图 14.158）。

紫羚羊 是世界上最漂亮的羚羊。由于躲在非洲中西部海拔 2000 ~ 3000 米高山密林里，很少露面，是 20 世纪初才被科学界发现的珍稀物种。紫羚羊体型粗壮，体重 240 ~ 300 千克，雌雄兽都长角，角适度不是非常长，略扭曲，毛色褐栗，体侧有 10 ~ 16 条白色斑纹，四肢有黑、白、栗红色斑纹。1918 年首次被选为利比里亚邮票的主图（图 14.159）、中非 1985 年动物邮票面值 65 法郎即是（图 14.160）。

图 14.159

图 14.160

大羚羊，普通大角斑羚 世界上最大的羚羊，体长 3.5 米，重近 1 吨。体型就像一条浅棕色的牛，但腿和脖子比牛长，头却比较小。角是直的，带有斜的旋纹。分布于热带非洲。见赞比亚 1968 年面值 2 克瓦查邮票（图 14.161）。**德氏**

大羚羊 体型很大，体重达 300～900 千克，角长而扭曲，毛色赤褐，两侧有 8～12 条白色横斑纹，前胸有下垂的皮囊，背部有黑色鬃毛，结群夜晚活动。分布于非洲中部和西部。见扎伊尔 1984 年加兰巴国家公园面值 10 库塔邮票（图 14.162）。

图 14.161

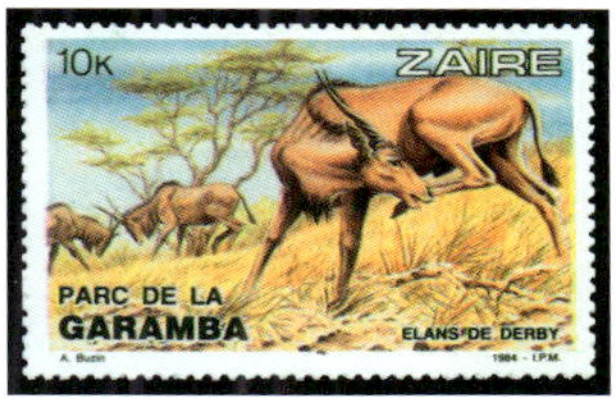

图 14.162

四角羚 体型中小，体重 20 千克，毛色红褐，头上长有 4 个短角。分布于印度、尼泊尔山地森林。见尼泊尔 1999 年面值 10 卢比邮票（图 14.163）。

印度黑羚 体型中等，长不超过 1.2 米，雄羊有螺旋形的角，长度 0.6 米，是羚羊中少有两性体色差别较大的例子，雌性和幼羊上身黄棕色，腹部白色，雄性上身深棕或黑色，腹部白色，以草为食。曾经是印度和巴基斯坦最多的羚羊，成千上万只大群活动，现已到达灭绝的边缘。见印度 2000 年面值 25 派萨邮票（图 14.164）。

索拉，文广牛 体型颇大，体重超过 100 千克，角像长角羚一样，又直又长又尖，毛色赤褐，眉、鼻、颊部有许多白色小斑，尾部和四蹄根部也有小白斑。这是一种直到 1992 年，才被西方科学家知道并进行科学定名的物种，其实在越南与老挝交界文广地区的高山丛林中，当地人非常熟悉它们，称它们为索拉。它已被越南当作该国具有代表性的濒危物种，2000 年发行了 4 枚索拉邮票（图 14.165）。

图 14.163

图 14.164

图 14.165

9. 长颈鹿科 GIRAFFIDAE

霍加狓 1901 年欧洲人才知道这种奇特动物。肩部以下长得像长腿马，毛黑酱紫棕色，但前、后腿有水平分布的白色条纹，与周围树干的色彩巧妙地混在一起，即使很近的距离，也很难被发现。脖子很长但未达到长颈鹿的水平，长舌头吃树叶的方法却是与长颈鹿一样的。除照料幼兽外，霍加狓一般都是独自隐居在茂密的森林里，人们很难见到它的踪影。仅分布在扎伊尔东部热带雨林。见扎伊尔 1974 年霍加狓邮票（图 14.166）

图 14.166

图 14.167

图 14.168

长颈鹿 地球上现存最高的动物，雄性高 5 米，最高纪录曾达到 6 米，脖子占身高的 1/2，再加上长长的舌头，就能吃到更高的树叶，所以造就了分布在非洲大草原上一座座孤立冠状高树的独特景观。模式亚种产于非洲东北部，见上沃尔特 1973 年面值 100 法郎邮票（图 14.167）、西南非洲 1980 年面值 50 分邮票（图 14.168）。

什么是亚种

在有些属、种名后还可以见到第三个名字，由于是小写，表明它不是定种人名，这就是亚种名。一个新物种的产生，往往是由于适应不同生态环境，经历了数万乃至数百万年的演化，经过基因突变产生的。按照科学术语的说法，就是在隔离生态环境下，分布地域不同，或距离越远，生态环境的差异就可能很大，比如松鼠、狮、虎、豹、斑马等，往往按地域划分许多亚种，尽管实际上它们在身体特征的差别上还并不太明显或者还不够稳定，但是再经过若干年的演化就可以形成不同的种。

十五

奇蹄目 PERISSODACTYLA

蹄趾的数目为奇数的食草奔跑哺乳类。

1. 马科 EQUIDAE

欧洲野马 世界上曾有 3 种野马，分别生活在欧洲、亚洲和北美洲，美洲野马已在 3000 年前绝灭。欧洲野马是家马的祖先，很早就被人类驯化分布世界各地。欧洲野马曾分布于欧洲东部草原地带，但由于人类大面积开发草原和过度捕猎，又常与家马混群，导致种群衰退，野生种群 1876 年灭绝，最后一只人工饲养的欧洲野马 1880 年死于莫斯科动物园。突尼斯 1968 年面值 40 密尔邮票上是欧洲野马（图 15.1），奥地利 1947 年维也纳赛马大奖面值 60+20 格罗申邮票上是家马（图 15.2）。

图 15.1

图 15.2

蒙古野马，普氏野马 因沙俄雇佣的陆军上校普热瓦斯基在中国西部探险发现而得学名，真正野生的普氏野马现已不存在，养在 20 多个国家动物园内的野马，都是 1890 年欧洲各国派探险家来中国盗捕存活 28 匹中 13 匹繁殖成功的后代。蒙古野马长不过 2 米，毛棕色，有直立的黑色鬃毛和黑色的尾巴。见捷克斯洛伐克 1981 年布拉格动物园面值 7 克朗邮票（图 15.3）。乌克兰本来

图 15.3

图 15.4

是欧洲野马最后的保存原产地，1998 年发行新阿斯卡尼亚自然保护区小型张（图 15.4）大概有恢复这一概念的原意，由于欧洲野马早已绝灭，放养的恐怕也是蒙古野马的后代。

蒙古野驴，亚洲野驴 体重 200 ～ 260 千克，耳朵比马长，没有额毛，只有短的鬃毛，从肩至尾巴有一条深褐色背中线。适应环境的能力非常强，不怕风雪严寒和烈日暴晒，以枯草干料甚至陌生的杂草为食。分布于亚洲中部至南部海拔 1000 ～ 3800 米的开阔荒漠，但总是围绕某个水源中心生活。以色列 1971 年《圣经》时代以色列的动物中面值 0.03 镑的邮票即是（图 15.5）。分布于中亚的**库兰野驴**亚种，被哈萨克斯坦当作该国具有代表性的濒危物种，2001 年发行了带熊猫徽的邮票（图 15.6）。

图 15.5

图 15.6

真野驴，非洲野驴 鬃毛较短，毛色灰黄至浅红棕，四肢有黑色横条纹。家驴是由非洲野驴驯化而成，已没有鬃毛。见乍得 1978 年面值 150 法郎邮票（图 15.7）。

半斑马，斑驴 毛色

图 15.7

图 15.8

棕，长耳朵像驴，但头部和颈部有黑色斑纹像斑马，所以叫半斑马。曾分布于整个南非草原，由于利益的驱使，荷兰后裔布尔人的大肆猎捕食肉，将美丽的皮制成标本运回欧洲高价出售，致使 1878 年野生斑驴全部杀绝，最后一只人工饲养的斑驴 1883 年死于阿姆斯特丹动物园。荷兰 1988 年阿姆斯特丹动物园 150 周年邮票上，面值 55+30 分那枚邮票条纹分布与斑驴非常相似，脖子上的条纹更加明显（图 15.8）。体型稍小的**拟斑马**也遭到相同的命运，灭绝于 1875 年。

细斑马，格氏斑马　斑马全身分布着黑白相间的条纹，细斑马是其中体型最大的一种，体重可达 410 千克。屁股上条纹的形态是区分斑马各个种的重要特征之一，细斑马的条纹最细，它也是在非洲分布地域最靠北的一种，分布于索马里、埃塞俄比亚南部和肯尼亚北部灌丛草原和沙漠地带。被埃塞俄比亚当作该国具有代表性的濒危物种，2000 年发行了带熊猫徽的 4 连邮票（图 15.9）。

图 15.9

山斑马，真斑马　是体形最小的一种斑马，体重 230 ～ 260 千克，屁股下部有几道宽横纹，上部还有几道纵纹，是斑马中最稀少的一种，也是分布在非洲几乎最靠南的一种，只见于南非和安哥拉的山区。西南非 1980 年面值 7 分邮票上有它的形象（图 15.10）。

图 15.10

伯氏斑马，普通斑马　体型中等，也是最常见的一种斑马，屁股上的横纹非常宽，分布在非洲大部分地区热带疏林和草原。非洲许多大套动

图 15.11

图 15.12

物邮票都缺少不了它，有的印刷非常精美，如尼亚萨 1921 年发行 4 枚雕刻版双色套印邮票（图 15.11）、卢旺达－乌隆迪 1943 年面值 20 法郎双色雕刻凹版邮票（图 15.12）。

2. 貘科 TAPIRIDAE

身材粗壮，腿短，一般体重 150～200 千克，鼻子上唇发育成柔软的筒状，可以用来勾住食物往嘴里送。大多生活在热带雨林，白天休息，晚上活动，通常单独活动，嗅觉和听觉灵敏，视觉差。按地域划分一共有 5 种，亚洲一种，中美和南美 4 种。

图 15.13

印度貘 是体型最大的貘，可重达 180～300 千克，与美洲全身棕黑色的貘不同，身体中后部的灰白色与其他部位的黑色形成鲜明对比。分布在东南亚。见越南 1988 年保护野生动物面值 20 盾邮票（图 15.13）。

南美貘，巴西貘 分布在亚马逊盆地沼泽地区。见圭亚那 1981 年面值 30 分邮票（图 15.14）。

山地貘 分布在哥伦比亚、厄瓜多尔、秘鲁海拔 2000～3800 米的安第斯山脉。见阿根廷 1989 年 5 比索邮票（图 15.15）。

中美貘，拜氏貘 分布在墨西哥南部至厄瓜多尔以西靠近水源的森林地带。见哥斯达黎加 1963 年面值 10 分邮票（图 15.16）。

毛貘 这是唯一身上长毛的貘。见厄瓜多尔 1960

图 15.14

图 15.15

图 15.16

年面值 40 分邮票（图 15.17）。

图 15.17

3. 犀科 RHINOCEROTIDAE

皮极厚，形如盔甲，奇特的外形好像史前动物，鼻子上长一或两只角。亚洲有 3 种非洲有 2 种。

印度犀，独角犀　体型庞大粗笨，体重达 1.5 ～ 2 吨，鼻前有一只粗短的角。分布在东南亚亚热带丛林，20 世纪初中国南方还有印度犀，现已经绝灭。见尼泊尔 2000 年带熊猫徽邮票（图 15.18）。

图 15.18

爪哇犀，小独角犀　体型稍瘦。分布于从爪哇到印支半岛、孟加拉的广大地区。见印度尼西亚 1985 年面值 75 盾野生动物邮票（图 15.19）。

图 15.19

苏门犀，双角犀　是 5 种犀中体型最小的，重近 1 吨，也是三种亚洲犀中唯一长两只角的，和唯一长毛的犀，雌雄兽皆长角，不过雄犀角细长，雌犀角甚短。分布于苏门答腊、加里曼丹、泰国。见北婆罗洲 1909 年面值 6 分邮票（图 15.20）。

黑犀　体重 1 ～ 1.5 吨，肤色灰，由于经常在泥里打滚而成黑色，有一长一短两只角。见西南非洲 1980 年面值 25 分邮票（图 15.21）。

白犀，方吻犀　是世界上第二大陆地动物，体重达 2.3 ～ 3.6 吨，肤色灰白，仅只比黑犀稍微白一点，它也有两只角，它与黑犀的区别是嘴巴方形。见莫桑比克 1976 年面值 10 埃斯库多（图 15.22）。

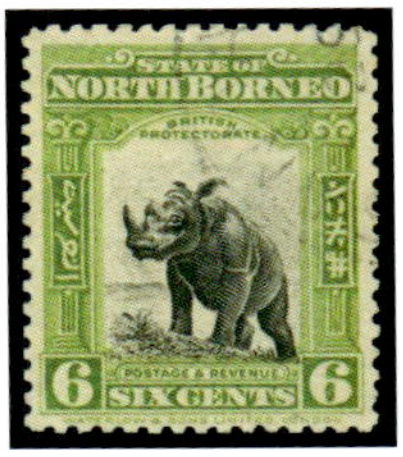

图 15.20

图 15.21

图 15.22

十六

蹄兔目 HYRACOIDEA

外形与兔形目相似，但亲缘关系却相差甚远，它的上门齿很长，弯曲呈半月形，老年时比下门齿向前伸出去长得多，闭嘴时都露在外面，形状颇似象牙，因此与大象和海牛是近亲。脚掌底部有弹性垫，并有腺体分泌保持湿润，能起到吸盘作用，在光滑的岩石上防滑或爬树，尾巴极短，几乎隐而不见。只有一科约 12 种，分布在非洲及阿拉伯半岛。

蹄兔科 PROCAVIIDAE

蹄兔，岩狸，非洲蹄兔 体长 30～57 厘米，体重 1.4～2 千克。毛色褐，背部黑，腹部较浅。分布于地中海东岸至阿拉伯半岛丛林多岩地带。见斯威士兰 1989 年面值 55 分邮票（图 16.1）、南非的博茨瓦纳 1990 年面值 50 分动物邮票（图 16.2）。

图 16.1

图 16.2

韦氏蹄兔 仅见西南非洲 1980 年面值 4 分动物邮票（图 16.3）。

西非树蹄兔 生活在树上的蹄兔，共有 2 种，分布在南非、中非及桑给巴尔岛。见科特迪瓦 1963 年面值 4 法郎邮票（图 16.4）。

图 16.3

图 16.4

十七

长鼻目 PROBOSCIDEA

长鼻子，大耳朵，上门齿可以长成长长的牙，是地球上体型最大的动物。仅 1 科 2 属 2 种。

图 17.1

象科 ELEPHANTIDAE

印度象，亚洲象 亚洲象比非洲象小，体重 5 吨，耳朵比非洲象小，只有雄象才长牙，前足 5 趾，后足 4 趾，而非洲象前足 4 趾，后足 3 趾。象是一种记忆力很强的聪明动物，所以很有表演天才，如果你伤害了它，过几年以后它都会记得。随生活地域的不同，还被分为几个亚种。模式亚种产于印度和巴基斯坦。见于越南 1961 年保护野生动物面值 50 分邮票（图 17.1）、泰国 1995 年中泰建交 20 周年（图 17.2）。斯里兰卡亚种产于斯里兰卡。见斯里兰卡 2003 年邮票小全张（图 17.3）。

非洲象 是现代地球上最大的陆生哺乳类动物，一般体重 5 ～ 7.5 吨，1974 年在安哥拉被射杀创纪录的重达 11.75 吨。最大的非洲雄象牙长 3.5 米，重 107 千克，一般雌象牙重 7 千克，最大的纪录

图 17.2

图 17.3

图 17.4

图 17.5

18 千克。你知道象是用什么方法进行交流的吗？是靠脚在地上墩，10 千米以外的象得到这个信息，就能知道那里有同伴在等着它。模式亚种产于东非坦桑尼亚。见上沃尔特 1973 年面值 150 法郎动物邮票（图 17.4）。南非亚种产于非洲南部和东南部。见西南非洲 1980 年面值 2 兰特邮票（图 17.5）。

十八

食肉目
CARNIVORA

专门以鲜肉为食的动物，视觉、嗅觉、听觉都非常灵敏，牙齿的结构适合吃肉，门齿小，犬牙发达，有利于把猎物撕碎。大多在夜间觅食。大约有 240 种，分属 8 个科。

1. 犬科 CANIDAE

家犬 由狼驯化培育而成的家畜，在体型、大小、毛色上可有很大差别，如体重从几百克的微型狗到 100 千克的藏獒，种类极多，仅家犬就可写一本书。2006 年中国发行犬邮票 4 枚为北京犬（图 18.1）、巴哥犬（图 18.2）、松狮犬（图 18.3）、藏獒（图 18.4）。

图 18.1

澳洲野犬 体重 20 千克，体型与家犬相似，大多认为是 9000 年前家犬被人类带入澳洲的野化后

图 18.2

图 18.3

图 18.4

图 18.5

图 18.6

代。见澳大利亚 1980 年面值 20 分动物邮票（图 18.5）。

北方狼，灰狼　体型较大，长 1.6 米，重 30 ～ 50 千克，北方狼的毛厚长一些，狼群由一对成年狼及后代组成，密切配合，可以捕杀比自己大得多的猎物，分食时有严格的等级制度。过去分布在北半球大部分地区，经几个世纪猎杀，只在极偏僻的森林才能见到。见瑞典 1993 年面值 5.8 克朗动物邮票（图 18.6）。

这里值得提一下北方狼的一个亚种——已经绝灭的**日本狼**，体型中等，鼻子长而尖，嘴很宽大，四肢细长，毛色黄灰，尾巴短粗。分布于日本本州、九州、四国山地森林，以鹿和野兔为食，18 世纪初狂犬病传入日本，使日本狼急剧减少，19 世纪政府鼓励砍伐开发森林，使日本狼于 1905 年绝灭。如今只有从日本古画中才能看到它的形象。日本 1999 年 20 世纪回顾系列第二集中有日本狼灭绝事件（图 18.7）。

图 18.7

郊狼，丛林狼　体型稍小，长 1 米，一般单独觅食，什么都吃，甚至伤害人畜，过去城市郊区麦地里都能遇到，据说在墙上画白圈就能驱赶它们。成语中有个传说叫狼狈为奸，指狈为狼群当军师，其实这只是一种猜想，有记载说狈的前腿较短，搭在狼的后腰可以跑得很快，但没有搭伴的狼时就行动很困难了，因此这实际上是一只生理有缺残的狼。见柬埔寨 1984 年发行的野生犬科动物面值 0.1 瑞尔邮票（图 18.8）。

图 18.8

豺，红狼　体型比狼小，比狐狸大，约重 20 千克，毛色棕褐或赤棕，所以又称红狼，在亚洲东部、南部及俄罗斯分布有 5 个亚种。行动隐蔽，民间有许多关于豺过于神秘的传说，以性格凶残而狡猾著称，成为猛兽豺狼虎豹之首。猎食方式与狼基本相似，但比狼更凶残却是真的，敢于成群向狼、熊、豺发起挑逗和进攻，从它们口中夺取食物，多半还是豺获胜。在印度曾有一群豺与一只孟加拉虎争食血战的记录，总是虎咬死咬伤几只甚至十余只豺后，没能冲出重围，终于筋疲力尽，被豺活活咬死。见冈比亚 1991 年面值 1.5 达拉西邮票（图 18.9）。

图 18.9

图 18.10

黑背豺，黑背胡狼　体型小，重 6.5 ～ 13 千克，耳朵大，毛色棕黄，背面有黑毛，尾尖黑色，性情凶猛，晚上活动。分布于非洲东部和南部平原、山地和海岸荒野。见莱索托 1984 年面值 1 马洛蒂动物邮票（图 18.10）。

亚洲胡狼，胡狼　外表像郊狼，毛色金褐或红褐，尾巴末端黑色，天黑以后活动，既吃活物，也吃死尸。见突尼斯 1968 年动物中面值 5 密尔那枚（图 18.11）。

图 18.11

草原胡狼，红狐　分布在埃塞俄比亚海拔 3000 ～ 4000 米高山草甸地带的一种犬类，耳朵大，毛色棕至红褐，两颊和喉部有白斑，尾巴基部白色，末部黑色。埃塞俄比亚 1993 年发行过 20 枚一套图案相同的红狐邮票（图 18.12）。

图 18.12

北极狐　身材小，体重 2.5 ～ 4 千克，厚厚的皮毛和爪子下还有保暖的毛，使它能抵御北极圈零下 50 度的严寒，换毛使它具有保护色。芬兰 1993 年发行带熊猫徽的 4 连票（图 18.13），上面两枚是冬季毛色纯白，下面两枚是夏季棕色至灰黑的北极狐。

赤狐　是最大而常见的狐狸，体重 5 ～ 7 千克，最大有 15 千克的，有许多变异类型，通常毛色红棕至深褐；毛色黑的叫黑狐或黝狐；底毛黑色，毛尖白色，在光照下呈现银色光辉的叫银狐或玄狐；全身赤褐，肩部有黑色十字形毛的叫十字狐。赤狐以家庭为单位活动，已成功地适应了在郊区和闹市与人类

图 18.13

图 18.14

图 18.15

图 18.16

共存的生活。分布于欧、亚、北美。发行赤狐邮票的国家很多，如爱尔兰 1980 年动植物面值 16 便士邮票（图 18.14）、挪威 1989 年面值 2.6 克朗邮票（图 18.15）、苏联 1980 年珍贵毛皮兽面值 2 戈比是银狐（图 18.16）。

狐狸的传闻

我国古代有一品穿玄狐，二品穿貂，三品穿狐貉之说，国际裘皮市场上也有银狐皮是软黄金的说法。狐狸生性多疑、狡猾、记忆力很强，没有其他犬科动物那样靠追捕的能力，而是靠计谋捕猎。蹲伏伺机突然出击，假装痛苦引诱小动物，窜进羊圈伪装，被抓住后装死等都是它的拿手好戏。赤狐的眼睛适于夜视，眼球底部有反光极强的特殊构造，能把弱光合成一束，集中反射出去，所以在夜里能发很强的亮光，在荒山野岭、废墟坟墓游荡的赤狐，远远望去，就像忽隐忽现、闪烁发光的小灯，会披上一层神秘的色彩，引起人们精灵鬼怪的幻想，杜撰出许多狐仙的故事。

图 18.17

以色列狐　以鼻子两侧至眼睛有明显宽黑线为特征，耳朵和尾巴很大。分布于以色列地区。以色列将其作为该国的代表性濒危动物，与 2000 年发行带熊猫徽的 4 连邮票（图 18.17）。

图 18.18

图 18.19

美洲赤狐　分布于北美。见美国 1996 年面值 1 美元邮票（图 18.18）。

南非狐　体型小，重 2.5 ～ 3 千克，耳朵大而尖，毛色银灰，嘴下部深褐色。分布于非洲南部。见博茨瓦纳 1987 年面值 1 西比邮票（图 18.19）。

吕氏狐　体小耳大，体重仅 1.2 ～ 3.6 千克，背毛浅茶黄色，脸上有黑斑，尾巴末端为白色。分布于亚洲西部至非洲北部沙漠及多岩地带。见阿拉伯联合酋长国 2003 年邮票（图 18.20）。

图 18.20

布氏狐　为适应干旱炎热环境耳朵特大的 4 种狐狸中，布氏狐是尾巴最大，背部毛色最深，脸上黑斑块最大的一种。见阿拉伯联合酋长国 2003 年邮票（图 18.21）。

图 18.21

耳廓狐　体小，特大的耳朵使它的形象非常显目，以便在炎热的沙漠地带散热和用敏锐的听觉探寻猎物的细微声响。与真正的大耳狐相比，耳廓狐

图 18.22

图 18.23

的耳朵轮廓是尖的，尾巴与身体的颜色一样是棕黄色。分布在北非和中东。由于形体小巧，面容非常可爱，发行耳廓狐邮票的国家很多，如毛里塔尼亚 1961 年面值 4 法郎邮票（图 18.22）。

图 18.24

大耳狐见于肯尼亚 1966 年面值 1.5 先令动物邮票（图 18.23），它的耳朵是圆的，尾巴黑色。

貉　体型小，重 4～6 千克，小耳朵，黑眼圈，使它看起来很像浣熊，是唯一冬眠的犬科动物。原产东亚。见朝鲜 1962 年面值 2 分邮票（图 18.24）。

图 18.25

非洲貉　体型与亚洲的貉相近，但面部有额部和眼眉三处白斑。见斯威士兰 1989 年面值 1 埃马邮票（图 18.25）。

阿根廷胡狼　体型小，重仅 4.4 千克，耳朵比例就变得很大，毛色灰褐，有黑色斑纹，尾巴较粗，黑色。分布于阿根廷、智利海滨、平原、低山草原。智利 1985 年面值 10 比索动物邮票即是（图 18.26）。

鬃狼　体型中等，重 23 千克，毛色红褐，四肢下部黑色，尾巴较粗，尾尖白色。分布于巴西、玻利维亚、巴拉圭、阿根廷北部。见巴西 1992 年 4 全动物面值 21 克鲁塞邮票（图 18.27）。

图 18.26

图 18.27

薮犬，丛林犬　体型较小，腿和尾巴短而粗，与一般犬科不同，在白天活动，以大型啮齿类为食，擅长游泳。在南美洲北部森林草原群居活动。见巴拉圭 1993 年面值

图 18.28

图 18.29

图 18.30

250 瓜拉尼邮票（图 18.28）。

非洲野犬，三色犬 是犬科动物中最特别的动物之一，体型小巧，全身布满斑点，耳朵很圆，集体捕食，一旦将猎物拽倒，便一拥而上。过去是非洲最常见的野生动物，可能由于疾病或栖息地的变化现仅存 2000 多头。见卢旺达 1981 年面值 200 法郎动物邮票（图 18.29）、科特迪瓦 1963 年波拿自然保护区小型张面值 45 法郎那枚（图 18.30）。

2. 熊科 URSIDAE

是食肉目中体形最大的动物，包括 5 属 7 种。

北极熊 世界上最大的熊，体长 2.8 米，雌熊重 300 千克，雄性重达 700 千克，善游泳，吃浆果，从小的啮齿动物到大的海豹都吃。北极熊被当作苏联具有代表性的濒危动物是恰如其分的，1987 年苏联发行了带熊猫徽的北极熊邮票（图 18.31）。保加利亚 1988 年发行的面值 8 斯托汀基的邮票亦是北极熊（图 18.38）。

图 18.31

棕熊 体大有力，站起来高达 3 米，体重 150 ~ 250 千克，生活在寒温带森林，性情孤独，跑得很快，但不善爬树。几乎什么都吃，壮年熊对母熊和小熊来说都是危险。棕熊是欧洲分布最广泛的熊，所以发行邮票的国家很多，如土

图 18.32

图 18.33

图 18.34

图 18.35

耳其 1967 年面值 100 库鲁斯邮票（图 18.32）。有许多亚种，其中**大灰熊**是体型最大的，体重可达 200～300 千克，主要分布在加拿大。见加拿大面值 76 分邮票（图 18.33）。图 18.34 是美国邮票上的**阿拉斯加棕熊**。

美洲熊，美洲黑熊　比棕熊小得多，体重 120～150 千克。在北美分布更广泛，所以跟人类接触的机会较多，不像棕熊和灰熊那么凶猛危险，夜间出来活动，冬眠时体温只下降几摄氏度，如受打扰能迅速觉醒。美国 1984 年面值 20 分邮票上这只小熊就属于比较温和的美洲熊（图 18.35）。

黑熊　即平常所说的狗熊，体重 140～200 千克，擅长爬树，胸部有 V 字形白毛，喜欢吃果实、昆虫、蜂蜜，人类饲养它为表演节目和取熊胆制药。见韩国 1998 年面值 340 元野生动物保护邮票（图 18.36）和保加利亚 1988 年面值 32 斯托汀基那枚邮票（图 18.38）。

图 18.36

马来熊　瘦小轻灵是熊类中最小型的，分布在亚洲东南部，有许多亚种。见保加利亚 1988 年面值 20 斯托汀基邮票（图 18.38）。

眼镜熊　唯一生活在南美的熊。鼻子上部有一圈白色像戴了眼镜而得名，毛黑或棕色，擅长爬树，由于生活在热带亚热带，所以没有必要冬眠。见委内瑞拉 1963 年野生动物中面值 5 分那枚邮票（图 18.37）和保加利亚 1988 年面值 42 斯托汀基那枚邮票（图 18.38）。

图 18.37

懒熊　有个滑稽的白鼻子，有长的爪和强的足，是以白蚁为食的熊，嘴就像真空吸尘器一样吸食白蚁，其声音在 150 米以外都能听见，视觉和嗅觉都比较差，所以突然相遇时受到惊吓可能会攻击人，因此

图 18.38

在斯里兰卡被人们视为恐怖幽灵。分布于南亚。见保加利亚 1988 年面值 13 斯托汀基（图 18.38）。

3. 浣熊科 PROCYONIDAE

浣熊 体小，重 5～14 千克，面部非常滑稽，好像戴了个黑眼圈面具，夜间活动，浣熊是种喜欢热闹、非常聪明的动物，生活适应能力极强，对食物从不挑剔，使它能够适应任何环境生存，甚至大胆钻进人类房屋翻找食物。浣熊有一个很有趣的习惯，就是在吃食物前，总喜欢把食物浸到水里洗了又洗，这就是浣熊名字的来源。浣熊真的那么讲究卫生吗？其实它洗的水往往是泥水，比食物还要脏。于是有人解释，这是因为到了动物园，浣熊失去自由，再也没有机会去水中抓鱼，只好模仿在水里猎食玩水的乐趣。浣熊分布于北美和中美低海拔河、湖树林地带（图 18.39）。

中美浣熊，白鼻浣熊 体小，重 2.5～5.5 千克，尾巴和鼻子很长，眼睛周围和鼻子有白色斑块，白天单独活动，行动非常灵敏。分布于北美南部和南美北部。萨尔瓦多 1963 年动物中面值 6 分邮票为中美浣熊（图 18.40）。

图 18.39

图 18.40

图 18.41

图 18.42

图 18.43

图 18.44

南美浣熊　毛色黄褐，身上有不明显横纹，尾巴长明显分为五节。见巴拉圭 1972 年动物面值 0.15 瓜（图 18.41）。

蓬尾浣熊　体型小，重仅 0.8 ～ 1.4 千克，耳朵圆，毛色浅黄至茶红，尾巴有 14 ～ 16 黑白相间环纹，行动非常敏捷，晚上单独活动。分布于美国南部及墨西哥。见美国 1987 年面值 22 分动物邮票（图 18.42）。

长鼻浣熊　鼻子非常长为特征，身上和尾巴有深浅分节纹。见厄瓜多尔 1961 年面值 1 苏克雷邮票（图 18.43）。

蜜熊　体重仅 1.4 ～ 2.7 千克，体毛褐色，尾巴长，具有缠绕性。白天在树洞或树枝睡觉，晚上活动，以蜂蜜和果实为食，所以叫蜜熊。分布于从墨西哥、中美至南美北部。见厄瓜多尔 1961 年面值 20 分邮票（图 18.44）。

4. 猫熊科 AILUROPODIDAE

大猫熊（大熊猫）　与其他食肉类不同，猫熊科动物几乎不吃肉，大猫熊的专食性很强，主要以箭竹为食，它的栖息地竹林已逐渐遭到破坏，人工饲养野放是否能挽救大熊猫，正在尝试。仅分布在中国四川和甘肃的保护区。许多国家多次发行熊猫邮票，熊猫徽被选为世界野生动物保护基金会的标志，出现在所有基金会核准的专题邮票上。图 18.45 是 1963 年中国首次发行的熊猫无齿邮票。

小猫熊　体型较小，腿和尾巴长，毛色铁锈红，眼、鼻、两颊白色，与大熊猫的外表差别很大，擅长爬树，但主要还是在地面活动。模式亚种分布在印

图 18.45

度和尼泊尔。分布于青藏高原及周边的是中国小熊猫。见中国台湾2007年发行的邮票与小型张（图 18.46）。

图 18.46

5. 鼬科 MUSTELIDAE

大多身体修长，个头不大，却非常凶猛，能杀死比它们大得多的动物。有近70种。

白鼬，扫雪　比伶鼬稍大，毛色可依季节变化，夏季棕色，冬季白色，生活在树干或洞穴，捕食鸟类、鼠类和野兔。分布于北美、欧亚。见波兰1984年面值5兹罗提邮票（图18.47）、爱尔兰1980年面值12便士邮票上是亚种**爱尔兰白鼬**（图 18.48）。

伶鼬，银鼠　身材非常小巧，其粗细跟人的手指差不多，以致可以钻入鼠洞捕鼠。分布于北美、欧亚和北非。见匈牙利1953年森林动物面值50费来邮票（图18.49）。

马来亚鼬　鼻子较一般鼬长，尾巴尤其根部也粗一些，末部变细，毛橙色，头

图 18.47

图 18.48

图 18.49

图 18.50

图 18.51

部稍浅。见马来西亚 2005 年面值 50 分邮票（图 18.50）。

鸡貂，林鼬　毛色灰，头部较浅，黑眼圈明显。见卢森堡 1996 年鼬科动物面值 20 法郎邮票（图 18.51）。

黑足貂，黑足鸡貂　毛色浅黄，四肢黑色，两眼间有一条黑色斑，尾巴尖黑色。分布于加拿大南部、美国、墨西哥北部草原地带。见美国 1998 年面值 32 分濒危动物邮票（图 18.52）。

图 18.52

虎貂　耳朵较大，四肢较短，尾巴披蓬松的长毛，毛色灰，背上有深灰色斑块。哈萨克斯坦 1993 年野生动物邮票面值 15 卢布即是（图 18.53）。

松貂　体重 0.9 ～ 2.5 千克，毛色褐至深褐色，喉部和前胸白色，性情凶猛，单独活动在针叶林、混交林。分布于欧洲和亚洲西部。见罗马尼亚 1985 年保护野生动物面值 2 列伊（图 18.54）。

石貂　体重 1 ～ 2.3 千克，毛色灰褐，喉部有斑纹或茧黄色斑点，尾巴长。分布于亚洲中部、东部。见阿尔巴尼亚 1964 年面值 1.5 列克动物邮票（图 18.55）。

图 18.53

图 18.54

日本貂　分布于日本北海道。见日本 1997 年面值 80 日元邮票（图 18.56）。

黄喉貂，青鼬　身体细长圆筒

图 18.55

图 18.56

图 18.57

状，毛色棕褐或黄褐，前胸有明显黄、橙色喉斑，尾巴长，黑色。分布于俄罗斯东南至东南亚。见苏联 1959 年面值 40 戈比邮票（图 18.57）。

紫貂，黑貂 貂类大多有柔软厚实的毛皮，紫貂是其中最华丽的一种而遭捕杀，现已通过人工饲养来满足这一需求。分布于东亚。我国 1981 年曾发行一套紫貂邮票（图 18.58）。

水貂 毛色棕褐，皮毛短而浓密光滑，尾巴毛也很密实，眼睛和耳朵小。见苏联 1980 年珍贵毛皮兽面值 15 戈比邮票（图 18.59）。

狐鼬 身体细长，体重 4～6 千克，毛色暗褐至黑色，头部灰、褐至黑色，喉部有黄或白色斑，白天活动，善攀爬和游泳。分布于墨西哥、中美、阿根廷森林地带。见萨尔瓦多 1993 年野生动物面值 1 科朗邮票（图 18.60）。

图 18.58

图 18.59

图 18.60

加拿大臭鼬 在北美有两种样子非常相像的臭鼬，加拿大臭鼬和大尾臭鼬，二者体毛都是黑色，背上有两条宽的白色条纹，额部有一个细的白色条纹。不过前者体长和体重较大，颈部有 V 字形白纹，分布范围偏北包括加拿大；后者分布范围偏南，包括中美而不到加拿大。见加拿大 1988 年面值 10 分

图 18.61

邮票（图 18.61）。

非洲斑臭鼬，缟獾，非洲艾鼬 鼬类动物尾巴下都有能发出强烈气味的腺体，臭鼬特别突出，美洲和非洲的类似种全身都横穿几道很宽黑白相间的条带，还有一条毛茸茸的大尾巴。分布于美洲美国和墨西哥的 Spilogale putorius 尾尖白色；分布于非洲的该种体长 28 ～ 38 厘米，尾长 20 ～ 30 厘米，重 0.4 ～ 1.4 千克，在背上有 4 条白色纵纹和额、眼上方有 3 块大白斑，背上白斑弯曲，尾巴是白色。见于毛里塔尼亚、苏丹、南非。见博茨瓦纳 1992 年野生动物面值 5 普拉邮票（图 18.62）。

图 18.62

智利獾臭鼬 獾臭鼬有三种，一种分布在北美到中美，毛色黑但背部和尾巴白，另两种分布在南美南部。本种分布于智利，毛色灰褐，背两侧至头顶有一条白带。见智利 1985 年面值 10 比索邮票（图 18.63）。

图 18.63

貂熊，狼獾 鼻部宽平粗壮，使它看起来与貂类和獾类有很大的不同。体重 7 ～ 32 千克，体型与狗獾差不多，以力气大和胃口大著称，非常凶猛，腿非常有力，能在冰冻的原野上追赶驯鹿。模式亚种生活在欧、亚、北美北方森林和冻土带。见瑞典 1989 年濒危动物面值 2.3 克朗邮票（图 18.64）。

狗獾，欧洲獾 獾类的鼻子比较长，狗獾的面部有非常显眼的黑色条形花纹。狗獾的体重 5 ～ 10 千克，住在洞里，这些洞都是代代相传，长的可有 100 年，四通八达，出口可多达 200 个。獾的行动非常有规律，天黑后每天沿固定的老路去觅食，找到什么就吃什么。模式亚种分布于欧洲。联邦德国 1968 年面值 30 芬尼邮票上有狗獾（图 18.65）。

图 18.64

图 18.65

蜜獾 背上好像披着一大块灰白

色毯子的黑色小动物，是非洲生存能力最强的小型动物，敢与最毒的蛇斗，尤喜吃蜂蜜，经常有响蜜䴕为其带路找到蜂巢，形成互益关系，故名蜜獾。除了非洲，也见于中东和南亚。见莫桑比克 1976 年面值 1 埃斯库多邮票（图 18.66）。

图 18.66

图 18.67

美洲獾 在獾类中它的体型是最大的，有 12～18 千克重，毛色灰褐，杂有白色，头部中央有一白色条纹一直延到颈部，脸部有白色和黑褐色斑块。穴居单独活动，分布于北美荒原草丛。见美国 1981 年面值 18 分保护野生动物邮票（图 18.67）。

水獭 水獭共有 12 种，都有柔软灵活的身体，厚厚的防水下层绒毛，上粗下细的尾巴和带蹼的脚，生活在河湖以及多岩石的海岸边，一般夜间活动，捕鱼、蛙，也捕食野兔等陆地动物。分布于欧、亚、北非。见蒙古 1959 年动物面值 20 门戈邮票（图 18.68）。

图 18.68

小爪水獭 体型小，重 2.7～5.4 千克，毛色棕，腹部灰白，与普通水獭相比，爪子较小，而且不超过趾尖，半水栖，善游泳潜水。分布于亚洲东南部。见菲律宾 1979 年面值 5 比索邮票（图 18.69）。

非洲小爪水獭 体型稍大，重 13 千克。毛色暗褐，两颊、喉部、颈部、腹部为白色。后趾间有蹼。分布于非洲撒哈拉沙漠以南。见斯威士兰 1997 年面值 2 埃马兰基尼邮票（图 18.70）。

图 18.69

图 18.70

大水獭 体型大而细长，可达 2.4 米，重 24～34 千克。尾巴顶端比较扁平，这是与尾

图 18.71

图 18.72

巴圆柱形淡水小型一般水獭不同的地方。生活在南美以鱼为食。由于皮毛非常珍贵，已变得非常罕见。见巴西 1975 年自然保护面值 1 克鲁赛邮票（图 18.71）。

印度光水獭　分布于从印度至马来半岛，印尼西部苏门答腊、爪哇、婆罗洲、菲律宾西部巴拉望、中国海南。见印度 2000 年面值 3 卢比邮票（图 18.72）。

6. 灵猫科 VIVERRIDAE

身体修长，短腿，尾长，爬起树来非常灵活，身上有色彩艳丽的花纹，尾根都有香腺或臭腺。约有 70 种。

大灵猫　在本科中属于体型较大者，体重 6 ～ 11 千克，嘴上的触须很发达，毛色灰黄褐，头部灰白色，体侧分布于黑色斑点，背部有黑色鬣毛，尾巴有 4 条黑环和白环。分布于中国秦岭以南至东南亚。见泰国 1991 年面值 2 泰铢邮票（图 18.73）。

图 18.73

图 18.74

大斑灵猫　与大灵猫相似，但身上的斑点更大而稀。见马来西亚 2005 年面值 1 元邮票（图 18.74）。

图 18.75

菲律宾灵猫　身上斑点较小而密，与大灵猫相近，但颈部条纹不是纵向，而是横向，尾巴斑纹未连成环状。见菲律宾 1979 年面值 30 分动物邮票（图 18.75）、马来西亚 2000 年 5 联面值 30 分受保护哺乳类邮票（图 18.85）。

小灵猫，七间狸　体型小，重 2 ～ 6 千克，毛色灰棕、赭黄，体侧有黑色斑点，身上还有许多黑纹，尾巴有 6～8 个黑白相间的环斑。分布于中国淮河、长江流域以南至东南亚。见中国香港 1982 年面值 20 分香港动物邮票（图 18.77）。

图 18.76

图 18.77

非洲灵猫，斑点麝香猫 是一种灰黑相间体型较大的灵猫，重 9～16 千克，毛色灰，全身密布黑色斑点和条纹，眼睛周围有一大块黑斑，好像戴了一副黑眼镜，嗅觉非常灵敏，吃果实、蜥蜴、鼠类，还能捕杀小羚羊，与其他灵猫一样，靠气味来标明自己的领地。分布在撒哈拉沙漠以南。布隆迪 1975 年面值 3 法郎邮票即是（图 18.78）。

普通麝猫，小斑獛 体型小，带斑点的毛皮和长尾像猫，但鼻子较尖，爪子无法全部收回，夜间活动，以鼠和鸟类为食。分布在欧洲西南部、非洲和中东草地、灌木丛和山区。见赤道几内亚面值 0.25 皮塞塔邮票（图 18.79）。

大斑獛 体型小，重 1.6 千克，毛色浅褐，布满黑斑，眼下有白斑，尾巴有黑色环纹。分布于非洲南部。见博茨瓦纳 1987 年邮票（图 18.80）。

图 18.78

图 18.79

图 18.80

马来西亚 2000 年面值 1 元受保护哺乳类小型张（图 18.81）上部为**德比灵猫** 毛色褐红，腹面较浅，背上横贯 6 条宽黑斑，一直延伸到尾部，尾巴末部黑色。下部为**灵桑灵猫** 毛色灰黄，背上黑斑巨大，横向延伸只有约 6 条，尾节有 6 环左右。

图 18.81

马来西亚2000年受保护哺乳类动物5连邮票中有 **贺氏灵猫** 背部和四肢黑褐色，胸、腹、嘴鼻白色，头顶、鼻梁、和眼圈褐黑色，眉部白色（图18.82）。**椰子猫** 体型小，重2.4～4千克，毛色棕黄，背部有3～5条黑色纵纹或斑点，尾巴棕黑，没有环纹，分布于中国南方至东南亚（图18.83）。老挝1971年5全野生动物40茎普亦是（图18.76）。**果子狸，花面狸** 体型中等，重3.6～5千克，体色灰棕，头部黑色，但鼻梁和眼睛上下为白色。分布于中国华北至亚洲南部、东南部（图18.84）。**菲律宾灵猫**（图18.85）。**小齿椰子猫** 体型小，重2～2.5千克，毛色灰褐，头部较深，鼻梁白色，背部有三条棕黑纵条纹，胸部有白斑。分布于中国云南至东南亚（图18.86）。

金狸猫 生活在斯里兰卡岛一种全身金黄色的狸猫。见斯

图 18.82

图 18.83

图 18.84

图 18.85

图 18.86

里兰卡1981年面值3卢比动物邮票（图18.87）。

图 18.87

菲律宾花面狸　这是一种全身灰黑的灵猫，面部和尾巴黑色，眉毛较浅。见菲律宾1995年面值2比索邮票（图18.88）。

图 18.88

熊狸　体型中等，生活在热带森林里的这种动物，毛很长，行动比较缓慢，它的尾巴具有缠绕树枝的能力，这在食肉动物中是很少见的，它还是游泳好手。分布于东南亚。见马来西亚2000年面值1元和50分受保护哺乳类邮票（图18.89）。面值20分和30分为**本氏灵猫**　全身褐黑色，只有眉毛和鼻子两侧白色（图18.90）。

图 18.89

图 18.90

怀特熊狸，巴拉望猛猫　身材修长，尾巴长度接近身长，披浓密的长毛，毛色黄灰，腰部较浅，背两侧有不规则黑斑。见菲律宾1994年面值6比索动物邮票4联左上角（图18.91）。

缟灵猫　体型小，鼻子又尖又长，毛色灰白，背部有4块大型黑色横斑，尾巴黑色。分布于中国云南至老挝、越南北部。见越南2005年面值8000盾邮票（图18.92）。

图 18.91

图 18.92

图 18.93

图 18.94

灰獴 体型小，重 1.5 千克，毛色灰至浅褐，四肢和尾巴黑色，白天出来单独活动，以鼠、蛇为食。分布于南亚至阿拉伯半岛。见毛里求斯 1994 年面值 40 分邮票（图 18.93）。

埃及獴 体型小重 2.5～4 千克，毛色灰，杂以黑色，头、四肢、尾巴黑色。分布于欧洲伊比利亚半岛、阿拉伯半岛、非洲大部分地区。格林纳达格林纳丁斯 1990 年动物面值 6 元型张主图即是（图 18.94）。

爪哇獴 个体很小，重 0.6～1 千克，毛色棕灰，眼睛周围和颊部棕红色。分布于中国云南至东南亚。见老挝 1965 年面值 75 基普邮票（图 18.95）。

细尾獴，细獴 体形小，背上有浅褐色条纹，群体可由不同家庭组成，警惕性很强，而且有明确的分工，白天一部分捕食昆虫和其他小动物，另一部分则用后腿和尾巴支撑身体站起来放风。分布在南部非洲。见西南非洲 1980 年面值 1 分邮票（图 18.96）。

利比里亚獴 体型小重 2.3 千克，嘴较长，毛色黑褐，颊部白色。分布于西非利比里亚及周围。见利比里亚 1998 年带熊猫徽 4 连邮票（图 18.97）。

刚果 2002 年獴类动物六连邮票（图 18.98）中左上角为**黑腿獴** 身材修长，鼻子长而尖，腿较短，毛色黑棕。分布于肯尼亚至莫桑比克。中上为**沼泽獴** 体型粗壮，腿较长，毛色黑褐。右上角

图 18.95

图 18.96

图 18.97

为**斑耳獴** 鼻子短圆，毛色黄灰，分布于亚洲南部伊拉克至马来半岛。左下角为**白尾獴** 以尾巴白色为特征而得名。体型小，重 3.5 ～ 5 千克，毛色深灰，四肢黑。分布于撒哈拉沙漠以南和阿拉伯半岛南部。中下为**暗长毛獴** 体很小，重 0.5 ～ 1.5 千克，毛色黑褐，头部稍浅。分布于西非利比里亚至安哥拉。右下角为**缟獴，非洲獴** 獴以善袭击毒蛇闻名，实际食物非常广泛，群居白天觅食，共有 25 种，该种背上有深浅相间的条纹。分布于撒哈拉沙漠以南。卢旺达 1981 年面值 2.5 法郎动物邮票也是（图 18.99）。

图 18.98

水猫鼬 体长 46～62 厘米，尾长 32～53 厘米，体重 2.5 ～ 4.1 千克，皮毛粗长，通常褐色，点缀黑色防护绒毛起到加深的效果。分布于几内亚比绍至埃塞俄比亚及南非。见博茨瓦纳 1992 年野生动物邮票面值 50 西比那枚（图 18.100）。

图 18.99

图 18.100

图 18.101

马岛獴 马达加斯加岛上唯一的稍大型食肉类。有光滑的红棕色皮毛，修长的身材和尾巴，夜间活动，是该岛狐猴的头号天敌，灵巧得可以在树梢活动，用四肢抱合的方式爬树可以与松鼠比美，但总不如狐猴以弹跳的方式在树与树之间逃得更快。见马尔加什 1979 年面值 1000 法郎动物邮票（图 18.101）。科摩罗 1976 年面值 500 法郎型张下部也有马岛獴（图 20.9）。

7. 鬣狗科 HYAENIDAE

图 18.102

图 18.103

这是一类体型中偏大，体长 1 米，体重 40～60 千克，外形像狗，毛粗糙蓬松，背部有鬣毛的食肉动物。大多生活在热带疏树草原和荒漠地带，晚上出来群体活动，以吃腐肉为主，头骨厚重结实，能把骨头咬碎。

缟鬣狗 全身有黑褐色条纹为特征，缟鬣狗和棕鬣狗都是单独活动。分布在北非、东非、阿拉伯半岛至印度。见毛里塔尼亚 1963 年面值 0.5 法郎邮票（图 18.102）、尼泊尔 1995 年 4 连邮票右下角（18.103）。**棕鬣狗** 以毛色棕褐为特征。分布在东非、南非。被当作博茨瓦纳具有代表性的濒危动物，1995 年该国发行棕鬣狗邮票（图 18.104）。**斑鬣**

图 18.104

图 18.105

图 18.106

图 18.107

狗 毛色灰褐布满深褐色斑点，体型稍大，重 60 ～ 70 千克，它们 70 ～ 80 只集体活动，敢向狮子进攻，什么都吃，强大的咬合力超过狮子，猎杀大型动物后连骨头都剩不下。分布在非洲撒哈拉以南的广大地区。见莫桑比克 1976 年面值 5 埃邮票（图 18.105）、布隆迪 1985 年面值 85 法郎邮票（图 18.106）。

土狼 体型稍小，重 8 ～ 12 千克，背和腿上有棕色条纹，不吃肉，而吃白蚁和昆虫，白天躲在地洞里，天黑后出来觅食，听觉非常灵敏。分布在东非和非洲南部。见博茨瓦纳 1992 年面值 15 西比邮票（图 18.107）。

土狼“雌雄同体”之谜

12 世纪欧洲一些动物寓言中写到土狼时，说“它的天性是忽男忽女，忽公忽母，因而是一种肮脏的畜生。”大作家海明威也认为“土狼跟传说中的一样，是双性的雌雄同体的动物。”

现代科学研究，母土狼血液中荷尔蒙的含量之高，在哺乳动物中是无以比拟的。一般动物大多雄性个体比雌性大，而土狼有时反过来。雌土狼的性器从外形看，露出很大的阴蒂使它看起来很像阴茎，突起的阴唇又像膨胀的睾丸，使人产生误解。血液中雄性激素的高含量使土狼表现为终身的进攻性，一个小土狼刚一生出来就非常好斗，不像一般动物出生后的第一件事是寻找奶头，而它是寻找另一只同伴将它咬死。土狼的家族是母首领主宰一切，等级制度代代相传，非常固定。进食时，一头健壮的公土狼会在高等级母狼的最矮小的幼崽面前甘受欺侮。

8．猫科 FELIDAE

是食物比较单一的肉食类动物，只喜欢吃活物。行动非常诡秘，具有柔软灵活的身体，敏锐的听觉，出众的视力，锋利的爪子在不用时除猎豹外都能缩回去，通常一口就能准确地把猎物咬死。猫科动物包含有 38 种，许多已非常罕见，被列为世界一级保护动物。

图 18.108

家猫 由野猫驯化而成的家畜，形态各异。意大利 1993 年邮票（图 18.108）上分别是欧洲猫、德文列克猫、马恩猫、波斯猫。

丛林猫 体型小，重 3～5 千克，背部棕灰或浅黄，背中线深棕，尾巴末端棕黑，眼睛周围有黄白色纹，全身缺乏明显斑纹。分布于埃及至中东、中亚、南亚。见塔吉克斯坦 2002 年邮票（图 18.109）。

图 18.109

南美林猫 体型小，重 2～3.5 千克，毛色棕黄至银灰，布满黑色斑点，头和颈部为黑白条纹。分布于南美海拔 3500 米以下开阔林和丛灌地区，善于爬树、游泳，一生大部分时间在树上度过。见智利 2002 年濒危物种面值 20 比索邮票（图 18.110）。

图 18.110

黑足猫 以四肢末端黑色得名。体型小重 1～2.4 千克，毛色黄褐，有黑和褐色斑点，违背有黑色圆环。分布于非洲南部干燥开阔地带。见博茨瓦纳 1992 年面值 4 西比邮票（图 18.111）。

非洲野猫 体型中小，重 4～8 千克，背部毛色浅黄至浅灰黄，全身具形状不规则棕黑色斑块或横纹。分布于非洲和阿拉伯半岛荒漠、草原、沼泽、低地山林地带。见斯威士兰 1989 年面值 2 埃邮票（图 18.112）。**葛尔登野猫** 与非洲野猫相近，但背部毛色较深，身上的斑纹边界不那么明显。见阿拉伯联合酋长国 2003 年面值 50 费来邮票（图 18.113）。

图 18.111

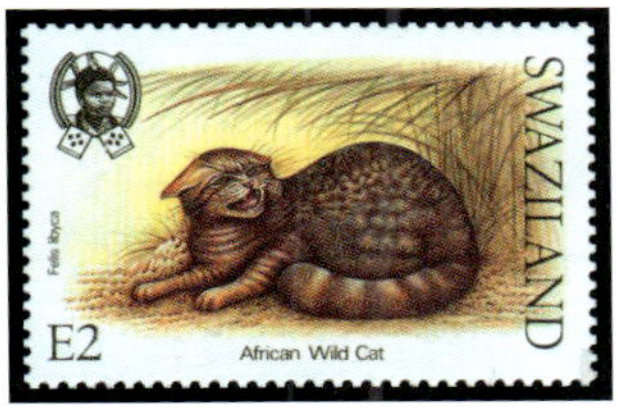

图 18.112

图 18.113

草原猫，草原斑猫，欧亚野猫 被认为是所有家猫的祖先。夜晚捕食，很怕人，所以很少见到，偶尔会在公路上见到前晚被汽车压死的野猫。有厚厚的毛皮和蓬松的尾巴。生活在山区和森林，以鼠类和野兔为食，偶尔捕食小鹿。见联邦德国 1968 年面值 10+5 芬尼邮票（图 18.114）。

图 18.114

金猫 体型稍大，重 10～16 千克，毛色和斑纹为棕黄色，尾巴较短。分布于中国秦岭以南至东南亚。见不丹 1990 年亚洲濒临灭绝动物面值 25 努型张（图 18.115）、加纳 1993 年野生动物面值 500 塞地邮票（图 18.116）。

菲律宾细猫 生活在菲律宾的一种体形很小的猫，全身有不规则斑块。见菲律宾 1979 年面值 2.3 比索动物邮票（图 18.117）。

图 18.115

图 18.116

图 18.117

图 18.118

图 18.119

图 18.120

欧洲金猫 见马来西亚 1987 年保护野生猫科动物面值 50 分邮票（图 18.118）**非洲金猫** 体形约为家猫的两倍，全身金黄色，有些带有斑点。独居夜间活动，分布在非洲热带森林。见塞拉利昂 1981 年面值 31 分双联邮票（图 18.119）。

薮猫 长腿短尾大耳朵，听觉非常灵敏，能听到鼹鼠在地下发出的微弱声音。很擅长奔跑，有力的后退能跳起来捕捉飞鸟。生活在非洲灌木丛和草地。见加纳 1993 年野生动物面值 200 塞地邮票（图 18.120）。

图 18.121

豹猫，狸子 体重 3～8 千克，毛色浅棕，全身布满棕褐至淡褐色斑点，从头部至肩部有 4 条棕褐色条纹。分布于亚洲东部和东南亚。见也门 1990 年猫科动物面值 600 费来邮票（图 18.121）。

云猫 体重5.5千克，毛色灰褐至黄褐，全身布满黑色斑点，耳朵短圆，背面黑色。分布于中国云南至东南亚。见马来西亚1987年保护野生猫科动物面值40分邮票（图18.122）。

图 18.122

图 18.123

渔猫 猫科动物一般习惯都离水较远，不愿意被水打湿，但渔猫却生活在河溪边，涉水游泳，抓鱼、青蛙和蛇。分布在东南亚、印度、斯里兰卡。老挝1980年野生猫科动物面值0.2基普邮票即是（图18.123）。

锈斑猫 体小，重1～2千克，毛色灰褐至红褐，有锈褐色斑点，尾巴上更明显，夜行善爬树。分布于印度和斯里兰卡森林、灌丛。见斯里兰卡1989年面值5卢比邮票（图18.124）。

图 18.124

图 18.125

小斑猫 体型小，四肢显得很长，身上斑纹像金钱豹。见巴拉圭1997年面值200瓜拉尼邮票（图18.125）。

阿根廷2001年发行猫科动物邮票6枚小全张，分别为左上角**雅科布猫**，又称**山猫** 体型小，体长0.5米，尾长0.35米，超过身长一半，毛色灰，全身布满横向排列黑斑，额部有4条纵黑线。分布于秘鲁至阿根廷西北的安第斯山区（图18.126）。左中**懒猫**，又称**细腰猫** 体重4.5～9千克，体型修长，尾巴也长，与灵猫相像，但鼻子嘴很短，身上缺乏斑纹，毛色暗灰或红褐，嘴旁有白斑（图18.127）。右上角

图 18.126

图 18.127

图 18.128

图 18.129

谷伊纳猫 体型小，体长 390 ～ 493 厘米，尾长 195 ～ 230 厘米，不足身长一半，全身布满黑斑，眼之上有两道近横向黑线。分布于智利中部至阿根廷西南（图 18.128）。右中**美洲豹猫，**又称**虎猫** 尾巴长，身上带有斑点花纹的毛皮非常漂亮，美洲豹猫因这种优质毛皮而遭大量捕杀，一度达每年生产 1 万张皮毛。分布于北美至南美（图 18.129）。其余两枚一为美洲狮，一为美洲豹。

什么是亚属

我们经常可以看到，有些属名后，括弧内又有一个相同或不同的属名，大多数情况下它代表亚属名。比如猫科动物的 Felis，一个属就包含多达二三十个种，这就有必要将某些特征相近的种归为一组，这个组或种群往往就会形成为亚属，如模式亚属 Felis（Felis）和其他亚属 Felis（Oreailurus），羚羊和鹿类的亚属较多。

沙漠猫 体小，重 1.5 ～ 3.5 千克，毛色橙黄，头和背部有黑色斑纹，夜行单独活动。分布于非洲北部，亚洲中部、西部沙漠地带。见阿拉伯联合酋长国 2003 年面值 50 费来邮票（图 18.130）。

图 18.130

狞猫 耳朵尖上有黑毛，但身上没有斑点，腿比较长，尾巴也较长，在夜间活动。分布在非洲、中东和西南亚干燥开阔地带。见阿法尔和伊萨（现吉布提）1973 年面值 66 法郎邮票（图 18.131）。

图 18.131

猞猁 体型比猫大，耳尖有一撮黑毛，尾巴很短，因此与猫和狞猫有明显区别，生活在森林和比较隐蔽的地方，捕食鸟类和小型哺乳动物。

图 18.132

图 18.133

图 18.134

模式亚种分布在欧洲，亚洲有另一亚种，南欧和北美有 3 种。见捷克斯洛伐克 1983 年面值 5 克朗动物邮票（图 18.132）、尼泊尔 1995 年 4 连右上角邮票（图 18.133）。**南欧猞猁** 见葡萄牙 1976 年面值 5 埃斯库多邮票（图 18.134）。**北美猞猁** 比欧亚的普通猞猁个头小，有大而圆的爪子，有助于在雪地行走，主要捕食美洲雪兔。见赤道几内亚 1977 年北美动物 7 全面值 50 埃库勒邮票（图 18.135）。**红猞猁** 个体稍小一些，分布也更靠南一些，耳朵尖上的毛很短，有时甚至看不出来，适应在各种栖息地生活，捕食鼠类和野兔。分布在北美加拿大到墨西哥。见美国 1990 年野生动物邮票（图 18.136）。

图 18.135

图 18.136

潘帕斯猫 分布于南美厄瓜多尔以南至潘帕斯草原地区。见智利 2001 年濒危物种面值 100 比索邮票（图 18.137）。

日本野猫 见日本 1974 年自然保护面值 20 日元邮票（图 18.138）。

猎豹 地球上奔跑速度最快的动物，三四秒内就能加速到每小时 95 千米的速度，但只能坚持几分钟，所以它的捕食方法不是偷袭，而是接近后直接追击，与其他猫科动物不

图 18.137

图 18.138

图 18.139

图 18.140

同的地方，是它的爪子不能缩回去。分布在撒哈拉沙漠以南和中东的草原和半沙漠地区。见坦桑尼亚1980年面值40先令邮票（图18.139）。

印度猎豹　性情温驯，小猎豹很早就被大量捕获喂养，因此在野外见到得越来越少。有钱人家喂养可多达几十只，但人工喂养的很难繁殖，据记载最后一只印度猎豹1948年被发现于印度南部。原分布于南亚和中东。见哈萨克斯坦1993年面值30卢布动物邮票（图18.140）。

云豹　体型较大，重14～16千克，毛色基调淡褐黄或灰黄，身上布满斜长方形或龟背形，或称云块形深色大块斑，尾巴有12～14条黑环，清晨和黄昏活动，性情凶猛。分布于中国西秦岭至东南亚密林中。见马来西亚1987年受保护的猫科动物面值1元邮票（图18.141）。生活在中国台湾岛的亚种**台湾云豹**体型较小，体重只有20千克。1940年还有几千只，1960年只剩10只，1972年最后一只台湾云豹被偷猎者枪杀。见中国台湾1992年面值5元濒临绝种哺乳动物邮票（图18.142）。

图 18.141

图 18.142

美洲豹　体形稍短，体重约150千克，带有斑点花纹的皮毛非常漂亮，因而受到大规模捕杀，现已非常稀见。生活在美洲的森林沼泽地带，擅长游泳，经常袭击水獭、海龟和大蛇。见委内瑞拉1963年面值2玻利瓦尔邮票（图18.143）。

图 18.143

雪豹　因生活在海拔3000～6000米的高山雪线附近而得名。外貌与金钱豹相似，但四肢较短，身材略小，头和嘴更圆，这是符合生态学中的阿伦规律的，在寒冷地区，动物身材的突出部分会呈现变短小的趋势，以防过多的热量由体表散失，它的尾巴特别长，以致可以把身体围成一圈来保暖，毛皮更是非常厚实而柔软，因此被大量猎杀。对世界现存数量乐观地估计为 4500 ~ 7000 只，世界各国均将其列入一级保护极度濒危动物。分布在亚洲中部的高山。我国 1990 年发行有雪豹邮票（图 18.144）。

图 18.144

金钱豹 全身金黄色，点缀着漂亮的褐色斑点，看起来就像地下忽隐忽现的阳光斑点，成为它捕猎时很好的伪装。一般在夜间觅食，会爬树，可以把捕到很大的动物拖到树上藏起来，适应各种如稀树、草原、山地、沙漠环境。分布在非洲和亚洲。有十来个亚种。模式亚种在北非。**非洲豹**分布于非洲各地。见法属刚果 1900 年面值 1 分动物邮票（图 18.145）。**印度豹**分布于印度和中国南方，东南亚各地，见泰国 1998 年 6 泰铢邮票（图 18.146）。许多国家都发行了金钱豹图案的邮票，只有朝鲜获得了发行带熊猫徽具有代表性濒危动物的权利的，图 18.147 是 1998 年朝鲜发行邮票。

图 18.145

图 18.146

图 18.147

美洲狮 体型只有非洲狮的一半，体重 55 ~ 105 千克，毛色棕灰至浅紫，没有斑纹。分布于加拿大西南至南美各种环境中。见伯利兹 1973 年面值 5 元邮票（图 18.148）、阿根廷 1960 年面值 50 分动

图 18.148

图 18.149

物邮票（图 18.149）。

非洲狮，狮 体型大，重 130 ～ 230 千克，毛色棕黄至暗褐，这是它生活在热带稀树草原，与金钱豹不同的另一种伪装。雄狮头部、肩部披长长的鬃毛，群居，白天睡觉，晚上捕猎，奔跑速度很快，但不会爬树、游泳。分布于非洲和南亚。模式亚种原产阿尔及利亚，其他亚种分布于非洲各地（图 18.150）。**印度狮**分布于非洲以外的亚洲，体型比非洲狮略小，体重 100 ～ 200 千克，印度狮曾被视为宗教圣物，印度沦为英国殖民地后，猎狮成为一种娱乐。在 100 多年捕杀下，到 1908 年只剩 13 只，全部被人工饲养保护起来，即使以后野放繁殖成 200 多只，但由于都是这 13 只狮子的后代，种群退化极易生病导致灭绝。见印度 1962 年动物邮票（图 18.151）和 1990 年野生动物基金会邮票（图 18.152）。

图 18.150

图 18.151

图 18.152

虎是猫科中最强壮的动物，虎皮的条纹非常漂亮，猎虎曾被当作强者的象征而遭大量捕杀，由于栖息地的破坏和偷猎使地球上的虎仅剩 7000 余只，有些亚种早已经绝灭，如分布于爪哇岛的爪哇虎 1980 年在动物园灭绝，最后一只巴厘虎于 1937 年被射杀，分布于中苏边界阿勒泰地区的阿尔泰虎一直扑朔迷离。斯文赫定 1900 年发现楼兰古迹同时发现的新疆虎，1916 年曾再现，以后就再也没有出现过。由于篇幅的限制，本书已将各属涉及的亚种省略，但虎是野生动物保护活动中人们最为关注的大型动物，唯独留下虎的亚种加以介绍。

孟加拉虎 重 150 ～ 250 千克，是现存数量最多的一种虎，估计有 3250 ～ 4700 只，松达班国家公园保护了其中一大部分。见孟加拉 1974 年拯救孟加拉虎邮票（图 18.153）。

图 18.153

图 18.154

东北虎，乌苏里虎 是虎中个体最大的一个亚种，可达 300 千克，每一只雄虎都有自己的领地，大约 50 ～ 170 平方千米，才能保证它的食物来源得以生存。分布于黑龙江流域。估计野生东北虎大约还有 150 ～ 200 只，而人工饲养的在各地有好几千只。中国 1979 年发行东北虎邮票一套。（图 18.154）。

图 18.155

朝鲜虎 分布于朝鲜的亚种，也有人认为与东北虎是同一亚种。见朝鲜 1982 年小型张（图 18.155）。

华南虎 体形比东北虎稍小，过去广泛分布于中国秦岭以南，现在是否还有野生华南虎一直得不到证实。2007 年在秦岭镇坪发生的虎照片真假事件，闹得全国哗然，就反映了对华南虎的担忧。成语“虎毒不食子”是比喻动物爱护幼崽，但是在生存越来越艰难的条件下，这一成语已经不成立了，因为虎一胎产 5 ～ 6 个幼崽是无法养活的，雌虎吃掉身体较弱的几只，就成了避免让一窝幼崽都饿死的一种明智选择。在世界各地动物园中只有 72 只华南虎，由于近亲繁殖，往往容易得各种基因病，该种如何延续，境况堪忧。见中国 2004 年发行的华南虎邮票（图 18.156）。

图 18.156

东南亚虎 分布于东南亚泰国、老挝、柬埔寨、

图 18.157

图 18.158

图 18.159

越南、缅甸、马来西亚和中国云南南部的亚种，体型较小，重不足 200 千克。虎曾经是各时期马来联邦邮票的主图，第一次是 1891—1895 年霹雳、彭亨、芙蓉、雪兰莪邦的侧半身虎（图 18.157），第二次是 1895—1899 年这 4 个邦的虎头（图 18.158），第三次是 1900—1932 年马来联邦的全身虎（图 18.159），第四次是 1957 年 11 个邦风貌中都有一枚面值 10 分的虎头（图 18.160）。

阿勒泰虎　对这种虎一直很少了解。塔吉克斯坦 2002 年发行的杜尚别动物园 40 周年邮票标明阿勒泰虎，说明该动物园可能饲养过这种虎（图 18.161）。

里海虎，高加索虎　分布于里海周围伊朗北部、高加索以南、俄罗斯南部、哈萨克斯坦、乌兹别克斯坦西部山地平原的亚种。一个沙俄王公大臣 1912 年在给朋友的信中，曾炫耀他射杀过 1150 只虎，大概就是里海虎，说明当时数量还不少。由于人们的贪婪和王公贵族以猎虎为乐趣，以及可供生存的自然环境越来越小，1940 年还剩 100 只，1970 年已不足 10 只，1980 年最后一只里海虎在加斯比奥丛林中死去。里海虎身上的条纹比其他虎稍细密，见也门王国 1970 年面值 10 布格希邮票（图 18.162）。

苏门答腊虎　分布于苏门答腊岛的亚种，体型稍小，近年还有活动。见印尼 1995 年面值 150 盾邮票（图 18.163）。

图 18.160

图 18.161

图 18.162

图 18.163

十九

树鼩目 SCANDENTIA

具有许多介于食虫目与灵长目之间的特点，以前有人把它归入食虫目，也有人把它归入灵长目，现在一般把它作为一个独立目。长鼻子和蓬松的长尾巴外形像松鼠，但齿式发育更完整，脑袋较大，两眼并列能同时看东西，具有盲肠，爪第一指与另四指略分开使它能抓住树枝等特点说明它更接近灵长目。树鼩吃昆虫，也吃果实和种子，意味着早期灵长目在演化过程中，由专门食虫，演变为食果实，最后发展到杂食。仅一科。

树鼩科 TUPAIIDAE

普通树鼩 体型很小，体长 16～18 厘米，尾长 15～19 厘米，重 110～185 克，尖鼻子大眼短圆耳，毛色橄榄褐，腹部灰白，颈侧有两条棕黄色条纹，白天活动，在地面或树上跳跃式奔跑。分布于中国南方至南亚和东南亚。见老挝 1998 年面值 45 基普动物邮票（图 19.1）。

图 19.1

二十

灵长目
PRIMATES

本来是适合树上生活的哺乳动物，有长长的四肢，能握住树枝灵巧的手指和脚趾，大脑也比较发达。曾在地球上生活的灵长类有600种，许多已经绝灭，现生大约有240种，分布在地理纬度南北23度半之间比较温暖的地区，只有日本和中国有3种稍微超出，绝大部分都已成为濒危动物，其中64种处于极度濒危状态。

1. 狐猴科 LEMURIDAE

比较原始的灵长类，仅分布在马达加斯加及周围小岛，加上大狐猴科和指猴科共13属28种。世界上第一枚狐猴邮票是马达加斯加1903年发行的邮票（图20.1）。

图 20.1

节尾狐猴，猫狐猴 体型中等，长0.3～0.5米，体重2～3.5千克，外形像猫，叫声也像猫，以向上高高竖起带黑白相间环状花纹的大尾巴为特征。狐猴把尾巴当作仓库，食物丰富的雨季，就在尾巴里储存大量营养物质，食物缺乏的旱季，就靠储存在尾巴里的营养来度日。群居，一群约20只。与其他狐猴不同的地方在它白天觅食，而且在地面。见马达加斯加1954年面值200法郎邮票（图20.2）、安提瓜和巴布达1993年小型张（图20.3）。

图 20.2

图 20.3

图 20.4

图 20.5

马达加斯加曾发行多套全部为狐猴的邮票，第二套是1961年发行的6枚邮票。面值2法郎是**灰驯狐猴** 体型很小，重750～900克，毛色灰至橄榄灰，野外结群活动。生活在马岛东部森林和竹林（图20.4）。面值4法郎是**斑狐猴** 毛色以白为主，脸、肩和尾巴是黑色（图20.5）。面值12法郎是**獴狐猴** 体小，重1～1.5千克，毛色灰棕面颊雄兽淡红色，雌兽白色，寿命18年。分布在马岛和科摩罗岛（图20.6）。面值65法郎是**冠原狐猴** 体型大，重5～6千克，毛色黑，腹、背有局部白斑，黑脸周围有一圈宽的白毛，好像戴了一顶帽子（图20.7）。面值85法郎是**短尾大狐猴** 体型大，全身以棕黑为主，头顶白，腹部和四肢的局部灰白，尾巴极短（图20.8）。科摩罗1976年小型张（图20.9）也是短尾大狐猴。面值250法郎是**原狐猴** 体型大，毛色与大熊猫相像，全身以白色为主，脸和耳朵内侧黑色，腹部灰棕色，尾巴长，后腿非常有力，能从

图 20.6

图 20.7

图 20.8

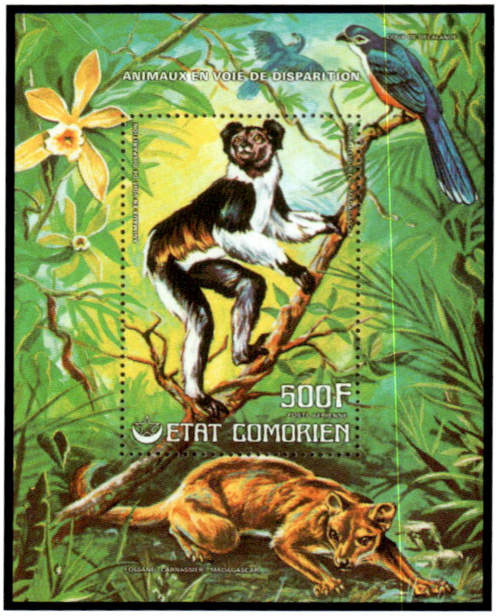

图 20.9

图 20.10

一棵树跳到 6 米远的另一棵树上（图 20.10）。

第三套 1973 年发行，4 枚邮票中面值 5 和 200 法郎是**大鼠狐猴**，在外形如鼠的狐猴中算是体型大的，重 250 ～ 600 克，毛色灰褐至棕褐，腹部灰白，夜行结小群。生活在马岛北部和东部（图 20.11）。面值 25 和 150 法郎是**鼬狐猴**，体小，重 0.8 ～ 1.2 千克，毛色灰褐，尾巴较长，夜行（图 20.12）。

第四套 1983 年发行，4 枚邮票包括**密氏倭狐猴**，倭狐猴都是很小的，密氏倭狐猴体重仅 45 ～ 85 克，毛色背部灰至灰褐，腹部白色，与大型狐猴白天活动不同，小型狐猴都是夜晚活动（图 20.13）。**韦氏原狐猴**，也叫**韦氏冕狐猴**，体型大，重 3.5 ～ 4.5 千克，毛色棕褐，脸部和前肢黑色，鼻梁灰白，背和后腿白色，使它看起来像个大棉花包。生活在马岛西北和西南（图 20.14）。**白领狐猴**，体形中大，

图 20.11

图 20.12

图 20.13

图 20.14

重3～4.5千克，毛色黑，颈部一圈宽的白毛，好像戴了个宽围巾，手以上和身体两侧也有这种白毛（图20.15）。**大狐猴**，体型和嗓门都是最高大的狐猴，体重可达5～10千克，面部和背部黑色，体侧和四肢多为白色，群集白天活动，在树顶吼叫以表示这是它们的地盘，这种叫声与人的哭泣和狗极疼时的嚎叫相似，在凌晨或傍晚格外令人恐怖，可以传到数里以外（图20.16）。此套邮票另有两枚小型张，一枚是树熊猴，还有一枚是指猴，不属于狐猴。

图20.15

图20.16

第五套1990年发行，5枚邮票和一枚小型张。包含**褐狐猴**，体型中等，毛色棕，头顶黑色，性情温和，白天成群活动（图20.17）。3个亚种是面值100法郎**项圈褐狐猴**（图20.18），面值20法郎**褐领狐猴**（图20.19），面值20法郎**白额褐狐猴**（图20.20）。面值100法郎**棕尾鼬狐猴**，体型很小，仅重500～800克，

图20.17

图20.18

图20.19

图20.20

图 20.21

图 20.22

图 20.23

眼睛显得很大，毛色灰褐，肩部和前肢略深，尾巴红棕色，白天在树洞睡觉晚上才单独出来活动。生活在马岛西南（图 20.21）。面值 10 法郎**毛狐猴**，体小，重 0.6 ～ 1.3 千克，毛色红褐，眼睛上方和两颊有白色条纹，夜行。分布在马岛大部分地区（图 20.22）。

马约特原狐猴　法属马约特 1997 年曾发行一枚面值 3 法郎（图 20.23）的狐猴邮票，未标种名。

2. 指猴科 DAUBENTONIIDAE

指猴　大小与猫相似，体重 2 ～ 3 千克，它的中指特长特别有用，听觉非常灵敏，用手指敲击树干时，一旦听到树皮下有动静，就用长长的手指把猎物掏出来。见马达加斯加 1970 年邮票（图 20.24）、1983 年面值 30 法郎邮票（图 20.25）。

图 20.24

图 20.25

3. 懒猴科 LORISIDAE

懒猴，风猴，蜂猴　体型小，长 35 厘米，尾巴长 1 ～ 2 厘米，重 1 千克，毛色棕灰，头部和四肢灰白，脊背中央有一条栗红色纵纹一直通达尾巴基部。分布于中国云南至东南亚热带雨林，估计在中国还有几千只，被列为一级保护

图 20.26

动物。见印度2000年面值15卢比邮票（图20.26）。

小懒猴 小懒猴有个非常特别的本领，就是头能作360度转动。身长只有20～25厘米，尾长2厘米，体重250～450克，只及懒猴的1/2。毛色背部棕红，腹部和四肢浅，鼻梁和两颊白色。分布于中国云南和中印半岛，但很少被发现，全世界估计不足100只。见越南1965年面值50分邮票（图20.27）。**矮懒猴** 毛色比小懒猴深，而比懒猴浅。见老挝1992年面值800基普邮票（图20.28）。**瘠懒猴** 面部扁平，尾巴非常短，具有与一般灵长类不同的生活习性，夜间主要靠伏击昆虫和其他小动物，在树上慢慢爬行靠近猎物，用手去抓而不是用牙齿去咬。分布在斯里兰卡和印度南方。见老挝1993年面值120基普邮票（图20.29）。

树熊猴 体重1～1.5千克，脸型像熊，毛色深棕。分布于非洲中部肯尼亚、加纳、几内亚。在马尔加什1983年小型张上可见（图20.30）。**金熊猴** 非洲大陆上11种原始灵长类之一。尾巴非常短，也靠在树上慢慢爬行，以昆虫为食，它的手比较特殊，两根长，两根短，其中一根几乎变成肉垫，适于抓握和攀爬。刚果将它作为该国特有濒危动物，1996年发行4连邮票（图20.31）。

蓬尾丛猴 体小，重110～300克，鼻子突出，耳朵大而圆，尾巴比身体长，而且毛很蓬松，毛色背

图 20.27

图 20.28

图 20.29

图 20.30

图 20.31

图 20.32

部灰至褐灰，腹部和两眼之间白色。白天在树干或树杈巢中睡觉，夜晚成小群活动，善攀爬跳跃。分布于非洲西北至东部森林地带。见中非 1971 年猴类邮票（图 20.32）。**厚尾丛猴，大丛猴** 有一条蓬松的大尾巴，外表像个大松鼠，叫声像婴儿哭声，晚间出来，在树上活动，依靠灵敏的嗅觉寻找果实和昆虫。是分布在非洲大陆上的 11 种灵长类之一。见莫桑比克 1976 年动物邮票（图 20.33）。**倭丛猴** 体型非常小，体重仅 60 克，毛色深褐，夜行善跳群居。分布于非洲中部至坦桑尼亚。见坦桑尼亚 1989 年动物邮票（图 20.34）。**小丛猴** 体型很小，耳朵又大又长，毛色蓝黑，四肢灰黄，眼圈周围黑色。见卢旺达 1988 年猴类邮票（图 20.35）。**美丽丛猴，侏丛猴** 毛色金黄，腹部、四肢内侧、颊及胸部白色，大眼长耳，尾巴长度超过身长，附满蓬松的长毛。斐尔南多波（现赤道几内亚）1967 年发行过（图 20.36）。

图 20.33

图 20.34

图 20.35

图 20.36

4．趾猴科 TARSIIDAE

眼镜猴　体型极小，可以放在衣袋里。有一双不成比例的特大眼睛、长尾巴、大手指，以便在夜晚靠视觉和听觉发现昆虫目标，准确定位后，就可以从这棵树一下跳到另一棵树直接咬住昆虫，坐下来慢慢咀嚼。分布在婆罗洲。见沙捞越 1950 年面值 2 分邮票（图 20.37）和老挝 1993 年面值 500 基普邮票（图 20.38）。菲律宾 1969 年曾发行一枚面值 2 分（图 20.39）的眼镜猴未定种邮票，毛色灰褐，耳朵不算很大，站在一根竹竿上，大概反映了眼镜猴种类很多，有些定名暂时还没有研究清楚的状况。

图 20.37

图 20.38

菲律宾眼镜猴　体重仅 80 ～ 150 克，眼睛和耳朵就显得特别大，尾巴很长，尾端有一撮毛，后肢比前肢长，夜晚活动，靠跳跃从一棵树到达另一棵树。在菲律宾，眼镜猴毛色多样又分十几种，有灰、黄褐、淡褐等。分布于菲律宾东部和南部各岛。见菲律宾 2001 年香港邮展面值 11 比索小型张（图 20.40）。

图 20.39

图 20.40

5．狨科 CALLITHRICHIDAE

一些仅生长在南美热带雨林，毛色漂亮的小型较原始的猴类，许多已成为著名的宠物。

倭狨，小狨　世界上最小的猴子，体长只有 16 厘米，尾长 20 厘米，重 50 ～ 120 克，毛色深棕，而且还有几处与一般猴子不同的地方，这就是狨类

图 20.41

的手和脚都不能抓东西，所以只能在树上奔跑而不能攀缘。由于它的毛色与周围很难区别，所以当它坐着不动时，很难被发现；突然动作时，又快如闪电。它还有个特别的地方，一般生产都是双胞胎，偶尔还有三胞胎。见哥伦比亚 1990 年自然保护面值 60 比索邮票（图 20.41）。

毛狨 体型小，重 350 ～ 700 克，毛色黑褐，杂有黑和灰黄条纹，耳朵上有一撮白色或黑色长毛。分布于巴西东部和巴拉圭近水热带森林。见巴拉圭 1985 年巴拉圭动物邮票（图 20.42）。

图 20.42

狮面狨，狮毛猴，金丝绢毛猴 有一身柔软光亮华丽的金黄色皮毛，飘逸的鬃毛和长尾巴，由于它长得实在是太漂亮了，有的作家写道：这些小猴子实在是要比打扮得最时髦的女人还要高贵得多！所以 17、18 世纪法国的名门贵族小姐、太太在公众场合，无不怀抱一只来自南美的狨猴为荣，借以提高自己的身价。所以狮面狨更是身价百倍，很早就被当作宠物捕猎，甚至直到 1960 年，巴西运往各地的狮毛绒仍达 200 ～ 300 只。滥捕加上栖息地被分割破坏，使这种动物在当地也很少露面，现已制定法律来挽救这种仅产于巴西东部的濒危动物。发行狮面狨邮票的国家很多，如巴西 1994 年自然保护邮票 3 枚邮票其中之一（图 20.43）。这套邮票的另外两枚为**长须狨** 体重 250 ～ 500 克，毛色黑，嘴边有白色的长胡须。白天集小群活动，分布于秘鲁南部、玻利维亚和巴西热带雨林（图 20.44）。**黑面猬** 以整个头部及面部黑色为特征，身体后一半毛色灰棕，前肢、胸及肩部白色（图 20.45）。

图 20.43

图 20.44

图 20.45

白唇猬 毛色黑，但上唇有白色条纹而得名，体重260～320克。结小群白天活动，分布于巴西南部。见格恩济1989年猴类32便士邮票（图20.46）。

棉顶狨 头顶生有一大撮丝棉般的白色长冠毛而得名，受到惊吓时，怒发冲冠，这个白顶更加突出，而且发出刺耳的尖叫。体重300～400克，背部暗灰色，腹部和四肢灰白色。分布于巴拿马、哥斯达黎加、哥伦比亚热带雨林。见朝鲜在2004年香港邮票博览会上发行的面值100元邮票（图20.47）。**迈达斯狨** 全身黑色，眼圈、鼻子、嘴灰色，前后脚褐黄色。见朝鲜1992年猴年面值30分邮票（图20.48）。

图20.46

图20.47

图20.48

6.卷尾猴科 CEBIDAE

以尾巴很长具有缠绕功能为特征，仅分布在南美热带雨林。

黑帽悬猴 以头顶中部黑色，而周围浅灰为特征。见朝鲜在2004年香港邮票博览会上发行的面值3元邮票（图20.49）。

松鼠猴 美洲最小的猴子之一，体长只有30厘米，尾巴也长30～40厘米，食物多样，甚至到农田偷庄稼，大的猴群可达500只。分布于南美洲北部。见格恩济1989年猴类邮票（图20.50）。

刚果2002年童子军面值5法郎6全版张上左上为**夜猴** 体型小，尾巴很长，圆圆的脑袋上长着一双大眼睛，视力非常好，即使没有月光也能在树上穿行，是为数不多在夜间活动的猴子。分布在中美和南美北部（图20.51）。中上为**白额卷尾**

图20.49

图20.50

图 20.51

图 20.52

图 20.53

图 20.54

图 20.55

猴　全身黑褐色，只有前额和脸颊周围是白色为特征，尾巴很长（图 20.52）。右上为**暗黑伶猴**　体小重 1 千克，圆头短嘴，面部暗黑，毛厚密柔软，结小群以树叶、果实、昆虫为食。分布于南美沼泽地带（图 20.53）。中下为**僧面猴**　体型小，鼻子很短，尾巴长，毛色褐黑，面部深暗，有的如白脸僧面猴脸部四周有一圈白毛，该种浅色毛向外移一圈，位于头顶至耳朵和两颊。分布于南美热带雨林（图 20.54）。右下为**丛尾猴**（图 20.55）。

图 20.56

白额青猴　尾巴很长，为身长的一倍半，全身毛色黑褐，只有前额和手是白的。见委内瑞拉 1963 年动物邮票（图 20.56）。**赤额猴，秃猴**　样子很特别，一张赤红无毛的脸，还是美洲唯一短尾巴的猴，体型稍大，重 3.5 ～ 4 千克，胆子很小，在树顶觅食，很少下地，以种子和坚果为食。分布于南美洲北部。见秘鲁 1974 年保护动物邮票（图 20.57）。

图 20.57

吼猴　吼猴嗓子里有个共鸣腔，3 千米以外就能听到它们的吼声而得名，黎明和傍晚时在天空和树间回荡。吼猴共有 6 种，是美洲体型最大的，也是行动最迟缓的猴子。伯利兹把该种当作该国具有代表性的濒危动物，

图 20.58

1997 年发行了带熊猫徽的 4 枚邮票（图 20.58）。**赤吼猴，红吼猴** 毛色深铁锈红。见圭亚那 1981 年面值 30 分动物邮票（图 20.59）。**黑吼猴** 体型大，重 6 千克，毛色雄猴黑，雌猴草黄，尾巴长具有缠绕性。见阿根廷 1989 年面值 5 比索邮票（图 20.60）是雄猴，巴拉圭 1997 年面值 1000 瓜拉尼邮票前面黄色是雌猴，后面黑色是雄猴（图 20.61）。

图 20.59

图 20.60

图 20.61

哥伦比亚蜘蛛猴 蜘蛛猴的四肢特别长，加上长尾拟似蜘蛛而得名，用手抓住树枝交替攀缘，速度比人奔跑还快，它的尾巴末端有一截不长毛，是光的，有一些皱纹，摩擦力很大，因此可以用尾巴缠住树枝将身体吊在空中摇荡，这都是其他猴子无法相比的。蜘蛛猴的尾巴还有调节体温的功能，天热时能散发热量，天冷时又能保温，原来它的尾巴里除了一般的血管外，还有一条与动脉直接相连的中静脉。仅分布于南美洲北部。哥伦比亚蜘蛛猴体型瘦，四肢和尾巴细长，毛色黑，脸部稍浅。见于哥伦比亚 1960 年自然科学家洪堡逝世百年邮票（图 20.62）。

图 20.62

图 20.63

图 20.64

图 20.65

黑掌蛛猴　体型中等细瘦，头小，四肢细长，重 6 千克，毛色黄褐，头顶黑色，眼圈白色。分布于墨西哥、中美至哥伦比亚西北。见尼加拉瓜 1990 年面值 0.1 科多巴邮票（图 20.63）。**绒毛蜘蛛猴**　体型大而粗壮，四肢粗长，重 10 千克，毛色棕黄。分布于巴西东南部。巴西 1984 年世界自然保护邮票（图 20.64）和圣文森特 1992 年小型张（图 20.65）可见。

7. 猕猴科 CERCOPITHECIDAE

比较进化的猴类，分布在非洲和亚洲。

长尾猴　在北非有 25 种非常相似的猴子，大多身材修长，有着长长的尾巴，主要靠毛色和长相来区分它们。该种毛色灰，脸黑。如西南非洲 1980 年面值 2 分邮票（图 20.66）。**白鼻长尾猴**　以白鼻子为特征，下颌生有白色长毛，额部也是白色。菲南多波 1966 年 4 全（图 20.67）。**红长尾猴**　以尾巴和

图 20.66

图 20.67

后背毛红色为特征，前背、前肢、后腿上部和脸黑色，其余头顶、胸部、后腿下部白色。见乌干达 1977 年面值 3 先令邮票（图 20.68）。**红尾长尾猴** 尾巴仅后一半红色，前一半及头、背、四肢为深灰色，胸、腹白色，两颊有白毛。见卢旺达 1988 年面值 90 法郎邮票（图 20.69）。**白须长尾猴** 以下颌生有白色长须毛为特征，其他地方为深紫至赤褐色，脸部和尾巴黑色，体型中等。分布于西非森林地带。加纳把该种当作该国具有代表性的濒危动物，1994 年发行带熊猫徽的 4 枚邮票（图 20.70）。**加纳长尾猴，白眉猴** 体重 2.5 ～ 7.5 千克，毛色背部橄榄绿，腹部白色。分布于西非森林。发行该种邮票的国家很多，如几内亚 1987 年面值 600 法郎小型张（图 20.71）。

图 20.68

图 20.69

绿长尾猴 面部黑色，四周长白毛，身上的毛则为灰绿色。见斯威士兰 1989 年面值 35 分邮票（图 20.72）。其亚种**黑长尾猴**生活在开阔地面，又叫**草地长尾猴**，被圣基茨当作该国具有代表性的濒危物种，

图 20.70

图 20.71

图 20.72

1986 年发行的 4 枚邮票（图 20.73）。**东南非长尾猴** 分布于非洲东部和南部绿长尾猴的亚种，也可被当作独立种。在一些大套动物邮票中，猴子往往是面值最高的一枚，如博茨瓦纳 1992 年野生动物最高面值 10 普拉邮票（图 20.74）。**加蓬长尾猴** 背部和两侧黄棕，四肢和头顶褐黑，尾巴黄白，脸部白色，被黑鼻子及眼睛分开，显出一副滑稽的笑脸。见加蓬 1996 年动物保护 500 法郎邮票（图 20.75）。

图 20.73

法氏叶猴，菲氏叶猴 体型中等，体长 40～60 厘米，尾长 60～86 厘米，体重 5.6～9 千克，毛色灰褐或银灰，胸腹部灰白色，眼圈和嘴圈灰白，冠毛很长。分布于中国云南至缅甸、泰国、越南。越南 2002 年发行了一个由 8 枚珍稀猴类组成，边纸占整个画面 1/2 非常华丽的巨大版张邮票（图 20.76），其中面值 7000 盾是该种。600 盾为**灰头叶猴** 毛色黑，头部橙色，有尖的顶毛，脸灰色。5000 盾为**黑叶猴**。9000 盾为**白臀叶猴** 体型中大，重 7～10 千克，毛色灰黑，脸部黄色，围绕一圈稀疏的白色长毛，下颌有红褐色簇状毛，两臂中段白色。分布于越南、老挝、柬埔寨和海南岛。2000 盾为**红面叶猴** 毛色

图 20.74

图 20.75

图 20.76

灰，脸部橙红，周围长白毛，颈部肉红色，头顶圆。800盾是越南黑叶猴。

黑叶猴，佛兰科叶猴，中国古称**乌猿**　体型中等，重8～10千克，全身毛黑色，只有从嘴角到耳尖各有一道白毛，头顶冠毛发达。胆子很小，遇到危险、争偶、暴风雨来临时，都有不同的叫声，似乎有它们自己的语言，当地人常常根据黑叶猴的叫声判断天气变化。民间有饮乌猿酒的习俗，传说能治病养生，不知是否有什么根据，然而导致大量捕杀造成严重后果却是真的，1987年以前，外贸每年可收黑叶猴皮几千张，目前已被列入一级保护动物。分布于中国西南至老挝中部和越南北部。见中国香港2003年猴年生肖面值2.4元邮票（图20.77）。

戴帽叶猴　体重9～14千克，尾巴长度超过体长，除脸、四肢末端和尾巴为黑色外，全身银灰色，头顶毛蓬松，好像戴了一顶小帽。分布于印度东北、缅甸北部、云南西北部河谷亚热带密林。见中国香港2003年猴年生肖面值3元（图20.78）。

图 20.77

图 20.78

金叶猴　体型大，重10～12千克，颊部有长毛，毛色金黄，面部黑色。分布于不丹和印度东北部。见不丹1984年保护濒危珍稀动物邮票（图20.79）。

长尾叶猴　在印度，这种猴子被视

为圣物，使它们繁荣兴旺，在民居附近抢到食物总能逃离，动作敏捷，擅长奔跑和攀缘，在森林和山区，多在地面觅食，尾巴很长，约为体长的一倍半，体重 11 ～ 17 千克，在叶猴中是体型最大的，毛色黄褐，脸黑，脸颊有一圈白毛。分布于斯里兰卡、印度至中国西藏。见孟加拉 1991 年濒危动物面值 8 塔卡邮票（图 20.80）。

图 20.79

白领白眉猴 体型大，体长 48 ～ 67 厘米，尾巴长 52 ～ 79 厘米，体重 12 千克，头顶有栗红色冠毛，两颊有白色长毛，背毛乌灰色，腹面白色。分布于西非森林。见加纳 1984 年邮票（图 20.81）。

图 20.80

赤猴 体长 50 ～ 90 厘米，尾长 55 ～ 75 厘米，体重 7 ～ 25 千克，四肢长，鼻梁和脸也长，毛色额部、背部和尾巴砂红色，四肢内侧，嘴巴和鼻梁周围白色。分布于非洲东部至塞内加尔热带草原、灌丛、半沙漠地带。见朝鲜 2000 年面值 50 分邮票（图 20.82）。

图 20.81

图 20.82

疣猴，又称髯猴 全身黑，但脸颊一圈有白毛，尾巴末部有很长的白毛像个大扫帚，肩部很长的白毛像一件披风。见几内亚比绍 1983 年面值 20 比索邮票（图 20.83）。**黑疣猴** 全身黑色，只有脸部灰白，尾巴细长。见喀麦隆 1982 年动物邮

图 20.83

图 20.84

图 20.85

票（图 20.84）。**埃塞俄比亚疣猴，或称东非疣猴** 毛色非常漂亮，全身黑毛，身体两侧有两道长长的白边，尾巴上的长毛像一簇大流苏，尾尖还有一撮白毛。见民主德国 1986 年德累斯登动物园邮票（图 20.85）。**黑白疣猴** 体型中等，重 6～14 千克，毛色和面部黑色，面部周围有一圈白毛，腋下也有白色长毛。见科特迪瓦 1963 年波那自然保护区小型张（图 20.86）。**安哥拉黑白疣猴** 体型中大，体长 50～75 厘米，尾巴比身体长，有 60～90 厘米，体重 6～11 千克，体毛黑色，脸部周围有一圈白毛，肩膀有很长的白毛。白天结小群活动分布于安哥拉森林地带。见布隆迪 1975 年动物邮票（图 20.87）。**欧斯塔勒特疣猴** 背部和头顶黑褐色，向体侧和四肢逐渐变为褐色，再变为褐黄色，尾巴细长。见中非 1971 年 200 法郎猴类邮票（图 20.88）。**黄疣猴** 尾巴很长，全身毛色黄，腹部和脸颊长毛稍浅，脸深灰色。见科特迪瓦 1978 年邮票（图 20.89）。

图 20.86

图 20.87

图 20.88

图 20.89

萨曼果猴 尾巴长，毛色浅灰，胸腹灰白，脸红

图 20.90

图 20.91

褐。南非 2000 年濒危物种邮票（图 20.90）。**疣猴未定种**　毛色包括头脸为蓝灰色，两颊及四肢砖红色。见贝宁 1995 年猴类面值 100 法郎邮票（图 20.91）。

金丝猴　金丝猴共有 4 ～ 5 种，最漂亮体型最大的是**滇金丝猴**，白脸红唇，仅分布于云南西北和西藏东南。**黔金丝猴**毛色暗灰，背部、体侧、尾巴黑褐色，仅分布于贵州东北部梵净山。**神农架白色金丝猴**属于川金丝猴的变种还是独立种还未定论。**川金丝猴**体型中大，体长 50 ～ 65 厘米，尾巴长 55 ～ 80 厘米，体重 7 ～ 16 千克，四肢粗壮，鼻孔朝天，毛色金黄，非常漂亮，外眼圈和嘴鼻白色，内眼圈和嘴圈蓝色，仅分布于四川与甘肃交界，陕西南部至湖北西北。中国 1963 年发行金丝猴邮票，首次亮相（图 20.92）。中国香港 2003 年猴年生肖面值 5 元者也是金丝猴（图 20.93）。**越南金丝猴**　见于越南，见越南 2002 年小版张（图 20.76）中面值 1000 盾那枚。

图 20.92

图 20.93

天狗猴，因鼻子又大又长并且口朝上又得名。又名**仰鼻猴**　体重 8 ～ 25 千克，毛色赭黄，四肢和尾巴灰黄，肩、胸腹部灰白，头顶冠毛深红，脸部赤褐，白天活动，善于游泳。仅分布于婆罗洲岛。见北婆罗 1939 年面值 4 分风光邮票（图 20.94）。

猕猴，恒河猴　体型中等，体长 50 ～ 63 厘米，尾巴长 20 ～ 32 厘米，尾毛蓬松，体重 4 ～ 12 千克，毛色灰褐，至棕黄，脸部肉红色，半树栖，白天群居，喜欢在悬崖峭壁活动。分布于中国黄河流域以南、巴基斯坦至中印半岛。见朝鲜 2004 年面值 155 元小型张（图 20.95）。

图 20.94

图 20.95

日本猴 生活于纬度最高地方的猴子，因耐寒所以需要厚厚的毛皮来保暖，冬季喜欢在日本的温泉中游泳取暖，毛色灰褐至黄褐。尾巴是日本猴王的旗帜，平时总是把尾巴翘得高高的，标志着它是猴群的领袖，其他猴子是不允许把尾巴竖起来的。分布于日本中南部山地落叶林。见日本 1989 年面值 62 日元邮票（图 20.96）。

台湾猴，岩栖猕猴 体型不大，体长 36 ～ 54 厘米，尾巴粗长，毛浓密，长 26 ～ 39 厘米，体重 4 ～ 5 千克，毛色蓝灰或灰褐，面部较平，肉色。最初发现于台湾南部沿海岩石区，以后在中部高山密林也有发现，是仅产于台湾的珍稀物种。见中国台湾 1971 年台湾兽类邮票（图 20.97）。

图 20.96

藏酋猴，藏猕猴，四川猴，短尾猴，中国古称**青猴，马猴** 尾巴短，仅为体长的 1/6，体重 20 ～ 25 千克，最重有 33.6 千克的纪录，毛色背部较深，毛发疏长，面颊周围有浓密的须毛，好像人的络腮胡子，这在猴类中是很罕见的。长期以来人们对“野人”非常感兴趣，但一直得不到证实，起码其中一例，在湖南称为“毛公”曾被当做的野人，捕获后经鉴定原来是藏酋猴。分布于中国南方悬崖稀树山坡，是中国的特产，常常成群结队，占山为王，以

图 20.97

图 20.98

图 20.99

峨眉山最为有名。中国 1982 年猴票（图 20.98），生肖集邮者曾争论它究竟是猩猩还是猴子，其实它就是自古以来在中国分布最广，最为老百姓所熟悉的马猴。中国香港 2003 年猴年生肖面值 1.4 元邮票也选用了马猴（图 20.99）。

短尾猴，红面猴，断尾猴 尾巴很短，只有 5 厘米，为体长的 1/10，体重 5 ～ 16 千克，毛色较浅，几乎秃顶，面部灰色，有鲜红色斑块。分布于中国南方、印度至中印半岛。见越南 1981 年森林动物面值 12 分邮票（图 20.100）、刚果 2002 年邮票（图 20.101）。中国共有 6 种猕猴，在尾巴占体长比例的特征上，恒河猴、台湾猴、熊猴均为 1/2，豚尾猴占 1/3，藏酋猴占 1/6，短尾猴最短，只有 1/10。

图 20.100

图 20.101

熊猴 尾巴约为体长的 1/2，体重 4 ～ 15 千克，鼻脸很长，毛色棕黄至棕褐，头顶毛长。分布于中国西南、印度至中印半岛。见尼泊尔 1995 年邮票（图 20.102）。

图 20.102

豚尾猴 尾巴短，约为体长的 1/3，基部较粗，末部较细，尾毛稀疏，末端有一撮长毛，形似猪尾，毛色灰棕，背部较深，冠毛短而黑。分布于中国云南至东南亚。见泰国 1982 年灵长类动物邮票（图 20.103）。

狮尾猴 体型中等，尾巴超过体长1/2，重6～9千克，毛色黑，头顶有黑色冠毛，面部周围生长长的银灰色须毛，是树栖性最强的猴类，在树上行走如履平地，很少下地活动，群居一般20～30只，白天常常发出像哭泣般的鸣叫。仅分布于印度南部森林。见印度1983年猴类邮票（图20.104）。

图 20.103

食蟹猴，毛里求斯猴 与台湾猴相近，但毛色和面部均为黄褐色。分布于东南亚海岸和岛屿热带雨林和红树林。见毛里求斯1994年面值8卢比邮票（图20.105）。

图 20.104

菲律宾猕猴 身材较细瘦，尾巴很长，毛色灰褐，腹部灰白。见菲律宾1979年面值1.2比索邮票（图20.106）。

绿猴，地中海猕猴 与台湾猴相似，但没有尾巴。重9～14千克，毛色黄褐。人类出现以前，曾分布在整个东南欧，现仅见于直布罗陀和北非。阿尔及利亚1988年邮票（图20.107）。除了阿拉伯狒狒有参军获勋章的故事，地中海猕猴也有参军获得勋章的报道，并且功劳更大，曾救了整营士兵的命。

阿拉伯狒狒 体型大，体长70～100厘米，尾巴长25～70厘米，体重18～27千克，头大鼻子长，眉骨高突，毛色灰褐，肩和背披散长毛好像一件蓑衣，很是威武雄壮，面部肉色，鼻子深红，臀部鲜红。群居，白天活动，敢

图 20.105

图 20.106

图 20.107

图 20.108

于跟狮子争斗。首领以下等级森严，分工明确，甚至有托儿所由几只雌狒狒照管。智商颇高，据说南非有个农场主曾带领一只狒狒参军，在第一次世界大战中立过战功，被授予一枚勋章，晋升为下士，战争结束后，还得到了正式退役证书。分布于东非及亚洲西部热带草原半沙漠。见几内亚比绍 1983 年猴类面值 1 比索邮票（图 20.108）。

神狒狒，猎神狒狒，狒狒 毛色棕黑至橄榄灰，尾巴长，鼻子与狗鼻子相似，白天通常在地面集体觅食，几乎什么都吃，雄狒狒是雌狒狒个头的两倍，雄兽肩部有鬃毛。分布于撒哈拉沙漠南侧半沙漠、热带草原地区。见也门 1964 年邮票（图 20.109）。

图 20.109

图 20.110

曼德林狒狒 见于民主德国 1986 年德累斯登动物园面值 50 芬尼邮票（图 20.110）。

草原狒狒 毛色黄褐，面鼻部特长，为灰黑色。分布于撒哈拉沙漠以南广大热带草原。见贝宁 1995 年面值 300 法郎小型张（图 20.111）。

狗狒 全身毛色灰，胸斑也是灰色。见朝鲜 2004 年在香港邮票博览会发行的面值 60 元邮票（图 20.112）。

图 20.111

图 20.112

豚尾狒狒 体型大，体长 0.9～1 米，尾巴细而短像猪尾巴，长 0.4～0.7 米，体重 40～50 千克，毛色暗灰，面部黑紫色，有白色眼睑。分布于非洲东部、东南、西南多岩山坡和热带草原。见西南非洲 1980 年邮票（图 20.113）。

图 20.113

图 20.114

山魈 世界上重量最大的猴类，重达 55 千克，样子与狒狒相近，但雄山魈面部毛色鲜艳，鼻梁红色，两侧蓝色，在茂密的森林里，山魈群由雄山魈带领，捕食比较弱小的动物。分布于西非多岩丘陵地带。见几内亚比绍 1983 年猴类面值 5 比索邮票（图 20.114）。

鬼狒 短尾，体重 10～20 千克，貌似灰褐，头顶有竖起的簇毛，脸部黑色，又白色触须。分布于非洲西部森林地带。见喀麦隆 1988 年带熊猫徽邮票（图 20.115）。

图 20.115

哈马德里亚斯狒狒 长尾巴，毛色浅灰，肩部披很长的黄白色毛，臀部有红疣。见索马里 1989 年面值 200 先令邮票（图 20.116）。

狮尾狒 尾巴很长，几与身长相当，体重 10～20 千克，毛色暗褐，有鲜明的红色胸斑。分布于埃塞俄比亚中部海拔 2000～4400 米山坡草地。见几内亚比绍 1983 年面值 3.5 比索邮票（图 20.117）。

图 20.116

图 20.117

8. 长臂猿科 HYLOBATIDAE

长臂猿的上肢比下肢长许多，手指有力像钩子，使它们能在树冠间荡来荡

图 20.118

去来回穿梭。长臂猿都没有尾巴，分 3 个亚属共 11 种。

白掌长臂猿　毛色不但雌雄不同，而且同性也有不小差别，深的有纯黑或黑棕，浅的有米黄色，还间夹深褐或浅褐色，不过手、脚、脸周围都是白色。体型中等，体长 50 ～ 64 厘米，无尾，体重 5 ～ 8 千克。分布于中国云南西南部至东南亚，全世界野生数量估计不足 50 只，已处在灭绝边缘。见格恩济 1989 年 6 连猴类面值 37 便士邮票（图 20.118）。中国 2002 年发行长臂猿邮票（图 20.119），第一枚即是。第二枚为**白颊长臂猿**　以两颊各有一丛白毛为特征，雌雄体毛颜色不同，雄性为黑色，雌性浅棕色，体重 5 ～ 7 千克。分布于中国云南南部至东南亚。第三枚为**黑冠猿，黑长臂猿**　通体黑色，头顶略竖立冠毛，雌性浅棕。亚属仅包含 1 种。分布于中国云南、广西、海南至越南、老挝、泰国。第四枚为**白眉长臂猿**　毛色暗黑褐，额部有明显白纹，好像长了一对白眉毛。性情胆小，以家族为单位生活，只要有风吹草动或外来家族入侵，就由首领带头，一起高声呼唤，却往往成为偷猎者极易发现的目标。分布于中国云南北部至印度东北、孟加拉、缅甸，已在高黎贡山建立自然保护区保护约 50 只白眉猿。

图 20.119

戴帽长臂猿　体型小，重 6 千克，手、足、眉骨处白色，头顶黑色，好像戴了一顶帽子。分布于泰国、老挝、柬埔寨。见老挝 1992 年猿类面值 250 基普邮票（图 20.120）。与戴帽叶猴相比，二者种名相同，但属名和尾部特征截

图 20.120

图 20.121

图 20.122

然不同，戴帽叶猴尾长超过体长，而戴帽长臂猿是没有尾巴的。

白手猿　全身黑色，只有脸外圈和手带腕饰白色。见坦桑尼亚 1995 年 9 枚版张下中和右，下左是该种的白化个体（图 20.121）。圣基茨面值 3 元型张（图 20.122）中，郎世宁画的白猿图究竟是白手猿还是白掌猿还需考证，因为这二者拉丁学名不同，是两个独立的种，长臂猿即使同种毛色变化颇大，从地域分布来看，白掌猿的可能性更大。

9. 猩猩科 PONGIDAE

被称为类人猿的灵长类，脑量比较大，手脚比较灵活，擅长拾起地上的东西和抓握物体，与猴子不同的地方是有时能直立行走，没有尾巴。共有 4 种。

红毛猩猩，猩猩　毛色红，雄性可重达 90 千克，年龄大的脸两侧可长出肉垫。与其他猴类不同的地方是，红毛猩猩是独居生活，一生都在树上度过，随着森林面积的缩小，这种聪明的动物也越来越少。仅分布于婆罗洲和苏门答腊。见北婆罗洲 1899 年面值 4 分巨猿邮票是世界上第一枚猴

图 20.123

图 20.124

子邮票（图 20.123）、1939 年面值 10 分巨猿邮票（图 20.124）、马来西亚 2000 年小型张票内是母猿，票外是长着巨大肉垫的公猿（图 20.125）。

图 20.125

低地大猩猩　体重 80～250 千克，最大可达 350 千克，但却很缄默威严，从不轻举妄动，被誉为温驯的森林巨人。大猩猩在地面或树上觅食，能使用甚至制造简单的工具，20～30 只一群，由一只银背大猩猩率领，白天在树林游荡，晚上用树枝给自己搭窝睡觉，主要在地面活动，很少上树。分布于西非、中非。见中非 1979 年面值 300 法郎邮票（图 20.126）。

高地大猩猩　生活在山区的亚种。见乌干达 1979 年面值 1.5 先令动物邮票（图 20.127）。

黑猩猩　基因与人类最近，仅次于人类最聪明的动物，通过面部表情和 30 多种不同叫声来进行交流，体重 50～75 千克，一群黑猩猩有固定的领地，为争夺领地会发生残杀战争，这一场面在动物界世电视里经常能见到。分布于西非和东非草原和开阔林地。发行黑猩猩邮票的国家很多，世界上第一枚黑猩猩邮票是利比里亚 1906 年发行的（图 20.128），

图 20.126

图 20.127

图 20.128

图 20.129

图 20.130

具有代表性的濒危物种资格由塞拉里昂获得，1983 年发行了带熊猫徽黑猩猩 4 枚邮票（图 20.129）。黑猩猩与人类的基因比较接近，对它们的个体行为和家庭的研究一直受到特别关照，坦桑尼亚 1988 年面值 100 先令小型张是黑猩猩的一家（图 20.130）。

图 20.131

倭黑猩猩　与黑猩猩相比，倭黑猩猩个头较小，高不过 1 米，体重 20 ～ 40 千克，脸一般为黑色，耳朵较小，腿更长一点，栖息地也不同，生活在茂密的森林里，摘取果实和树叶。而黑猩猩高 1.5 米，生活在草地。倭黑猩猩仅见于中非。见刚果 1978 年带熊猫徽面值 150 法郎动物邮票（图 20.131）。

世界重点保护哺乳动物名录

世界一级保护哺乳动物

长尾狭足袋鼩 *Sminthopsis longicaudata*

沙丘狭足袋鼩 *S. psammophila*

袋狼 *Thylacinus cynicephalus*

豚足袋狸 *Chaeropus ecaudatus*

纹袋狸 *Perameles bougainville*

兔耳袋狸 *Macrotis lagotis*

小兔耳袋狸 *M. leucura*

毛鼻袋熊 *Lasiorhinus krefftii*

草原鼠袋鼠所有种 *Bettongia* spp.

荒漠袋鼠 *Caloprymnus campestris*

蓬毛兔袋鼠 *Lagorchestes hirsutus*

纹兔袋鼠 *L. fasciatus*

辔甲尾袋鼠 *Onychogalea fraenata*

新月甲尾袋鼠 *O. lunata*

大犰狳 *Priodontes maximus*

南非穿山甲 *Manis temminckii*

鲁克狐蝠 *Pterops insularis*

马里亚纳狐蝠 *P. mariannus*

东加罗林狐蝠 *P. molossinus*

黑首狐蝠 *P. phaeocephalus*

绒狐蝠 *P. pilosus*

萨摩亚狐蝠 *P. samoensis*

海岛狐蝠 *P. tonganus*

墨西哥草原犬鼠 *Cynomys mexicanus*

刺巢鼠 *Leporillus conditor*

鲨湾伪鼠 *Pseudomys praeconis*

伪沼鼠 *Xeromys myoides*

中澳白尾鼠 *Zyzomys pedunculatus*

毛丝鼠所有种 *Chinchilla* spp.

阿萨密兔 *Caprolagus hispidus*

火山兔 *Romerolagus diazi*

白鳍豚 *Lipotes vexillifer*

淡水豚所有种 *Platanista* spp.

白海豚所有属 *Sotalia* spp.

弓背海豚所有属 *Sousa* spp.

江豚 *Neophocaena phocaenoides*

海湾鼠海豚 *Phocaena sinus*
拜氏鲸所有种 *Berardius* spp.
巨齿鲸所有种 *Hyperoodon* spp.
抹香鲸 *Physeter macrocephalus*
灰鲸 *Eschrichitius robustus*
小鳁鲸 *Balaenoptera acutorostrata*
鳁鲸 *B. borealis*
拟大须鲸 *B. edni*
蓝鲸 *B. musculus*
长须鲸 *B.ohysalus*
座头鲸 *Megaptera novaeangliae*
北极露脊鲸 *Balaena* spp.
侏露脊鲸 *Caperea marginata*
北美毛皮海狮 *Arctocephalus towntendi*
僧海豹所有属 *Monachus* spp.
儒艮 *Dugong dugon*
亚马孙海牛 *Trichechus inunguis*
美洲海牛 *T. manatus*
鹿豚 *Babyrousa babyrussa*
小野猪 *Sus salvanius*
草原西瑞 *Catagonus wagneri*
驼马 *Vicugna vicugna*
麝所有种 *Moschus* spp.
黑麂 *Muntiacus crinifrons*
南美草原鹿 *Ozotoceros bezoarticus*
普度鹿 *Pudu pudu*
南美泽鹿 *Blastocerus dichotomus*
中东黄霑鹿 *Cervus mesopotamicus*
沼鹿 *C. duvauceli*
克什米尔马鹿 *C. elephus hanglu*
泽鹿 *C.eldi*
豚鹿印支亚种 *C. porcinus annamiticus*
豚鹿卡拉棉亚种 *C. p. calamianensis*
豚鹿巴文亚种 *C. p. kuhli*
马驼鹿所有种 *Hippocamelus* spp.
叉角羚 *Antilocapra americana*
美洲野牛 *Bison bison athabascae*
野牦牛 *Bos mutus*
白肢野牛 *Bos gaurus*
柬埔寨野牛 *B. sauveli*
低地野牛 *Bubalus depressicornis*
棉兰老水牛 *B. mindorensis*
山水牛 *B. quarlesi*
盘羊西藏亚种 *Ovis ammon hodgsoni*
塞浦路斯盘羊 *O. orientalis ophion*
维氏盘羊 *O. vigni*
捻角山羊 *Capra falconeri*
鬣羚 *Capricornis sumatrensis*
藏羚 *Pantholops hodgsoni*
臆羚 *Rupicapra rupicapra ornata*
詹氏小羚羊 *Cephalophus jentinki*
苍羚 *Gazella dama*
斑羚 *Nemorhaedus goral*
安哥拉黑马羚 *Hippotragus niger variani*
白长角羚 *Oryx dammah*
阿拉伯长角羚 *O. leucoryx*

普氏野马 *Equus przewalskii*
蒙古野驴 *E. hemionus hemionus*
印度野驴 *E. hemionus khur*
非洲野驴 *E. asinus*
格氏斑马 *E. grevyi*
山斑马模式亚种 *E. zebra zebra*
所有貘 *Tapiridae* spp.
所有犀牛 *Rhinoceritidae* spp.
狼 *Canis lupus*
薮犬 *Speothos venaticus*
棕熊 *Ursus arctos*
喜马拉雅棕熊 *U. a. isabellinus*
马来熊 *Helarctus malayanus*
黑熊 *Selenarctus thibetanus*
懒熊 *Melursus ursinus*
眼镜熊 *Tremarctos ornatus*
大熊猫 *Ailurus furgens*
扎伊尔小爪水獭 *Aonyx congica*
海獭 *Enhydra lutris nereis*
水獭 *Lutra lutra*
秘鲁水獭 *L. felina*
智利水獭 *L. provocax*
长尾水獭 *L.longicaulis*
大水獭 *Pteronura brasiliensis*
黑足鼬 *Mustela nigripes*
斑林狸 *Prionodon pardicolor*
棕鬣狗 *Hyaena brunnea*
细腰猫 *Felis yagouaroundi*
长尾猫 *F. wiedi*
小斑猫 *F. tigrina*
金猫 *F. temminckii*
锈斑猫 *F. rubiginosa*
扁头猫 *F. planiceps*
黑足猫 *F. nigripes*
虎猫 *F. pardalis*
云猫 *F. marmorata*
豹猫模式亚种 *F. bengalensis bengalensis*
南美林猫 *F. gaoffroyi*
安第斯山猫 *F. jacobita*
美洲狮东部亚种 *F. concolor cougar*
美洲狮哥斯达黎加亚种 *F. c. costaricensis*
美洲狮佛罗里达亚种 *F. c. coryi*
狞猫 *Lynx caracal*
南欧猞猁 *L. pardina*
云豹 *Neofelis nebulosa*
猎豹 *Acinonyx jubatus*
美洲豹 *Panthera onca*
亚洲狮 *P. leo persica*
雪豹 *P. uncia*
豹 *P. pardus*
虎 *P.tigris*
狐猴所有种 *Lemuridae* spp.
大狐猴所有种 *Indriidae* spp.
指猴 *Daubentonia madagascariensis*
白耳狨 *Callithrix jachus aurita*
黄冠狨 *C. j. flaviceps*

狮面狨所有种 *Leonopithecus* spp.
黑白花狨 *Saguinus bicolor*
白足狨 *S. leucopus*
棉顶狨 *S. oedipus*
节尾狨 *Callimico geoldii*
斗篷吼猴 *Alouatta palliate*
秃猴所有种 *Cacajao* spp.
白鼻僧面猴 *Chiropotes albinasus*
黄尾绒毛猴 *Lagothrix flavicauda*
红背松鼠猴 *Saimiri oerstedii*
黑眉蜘蛛猴 *Ateles geoffroyi frontatus*
赤蜘蛛猴 *A. g. panamensis*
绒毛蛛猴 *Brachyteles arachnoides*
敏白眉猴 *Cercocebus galeritus galeritus*
白须长尾猴 *Ceropithecus diana*
桑给巴尔疣猴 *Colobus pennantii kirki*
塔纳河红疣猴 *C. rufomitratus*
狮尾猴 *Macaca silenus*
长鼻猴所有种 *Nasalis* spp.
鬼狒 *Mandrillus leucophaeus*
山魈 *M. sphinx*
长尾叶猴 *Presbytis entellus*
金叶猴 *P. geei*
戴帽叶猴 *P. pileata*
孟他维岛叶猴 *P. potenziani*
白臀叶猴所有种 *Pygathrix* spp.
长臂猿科所有种 *Hylobatidae* spp.
猩猩科所有种 *Pongidae* spp.

世界二级保护哺乳动物

针鼹所有种 *Zaglossus* spp.
斑袋貂 *Phalanger maculatus*
北灰带貂 *Ph. orientalis*
高山侏带貂 *Burramys parvus*
暗色树袋鼠 *Dendrolagus bennettianus*
灰树袋鼠 *D. inustus*
拉姆氏树袋鼠 *D. lumholtzi*
拟熊树袋鼠 *D. ursinus*
褐喉树懒 *Bradypus variegatus*
印度穿山甲 *Manis crassicaudata*
马来穿山甲 *M. javanica*
穿山甲 *M. pentadactyla*
狐蝠所有种 *Acerodon* spp.
利齿狐蝠所有种 *Pteropus* spp.
巨松鼠所有种 *Ratufa* spp.
鲸目所有种 *Cetacea* spp.
毛皮海狮所有种 *Arctocephalus towntendi*
南象海豹 *Mirounga leonina*
非洲海牛 *Trichechus senegalensis*
西瑞科所有种 *Tayassuidae* spp.
倭河马 *Choeropsis liberiensis*
原驼 *Lama guanicoe*

厄瓜多尔普度鹿　*Pudu mephistophiles*
马鹿巴克特利亚亚种　*Cervus elaphus bactrianis*
盘羊　*Ovis ammon*
加拿大盘羊　*O. canadensis*
印度黑羚　*Antilope cervicapra*
蛮羊　*Ammotragus lervia*
扭角羚　*Budorcas taxicolor*
骝毛小羚羊　*Cephalophus dorsalis*
蓝小羚羊　*C. monticola*
奥氏小羚羊　*C. ogilbyi*
黄背小羚羊　*C. sylvicultor*
斑背小羚羊　*C zebra*
白脸牛羚模式种　*Damaliscus dorcas dorcas*
驴羚　*Kobus leche*
亚洲野驴　*Equus hemionus*
山斑马哈氏亚种　*E. zebra hartmannae*
南美貘　*Tapirus terrestris*
鬃狼　*Chrysocyon brachyurus*
豺　*Cuon alpinus*
厄瓜多尔胡狼　*Dusicyon culpaeus*
阿根廷胡狼　*D. griseus*
巴拉圭胡狼　*D. gymnocercus*
食蟹胡狼　*D. thous*
阿富汗狐　*Vulpus cana*
耳廓狐　*V. zerda*
熊科所有种　*Ursidae* spp.
小熊猫　*Ailurus fulgens*
巴塔哥尼亚獾臭鼬　*Conepatus humboldtii*
水獭亚科所有种　*Lutrinae* spp.
斑林狸　*Prionodon pardicolor*
条纹林狸　*P. linsang*
缟椰子猫　*Hemigalus derbyanus*
马岛缟狸　*Fossa fossa*
尖吻灵猫　*Euplerea goudotii*
懒灵猫　*Cynogale bennettii*
马岛獴　*Cryptoprocta ferox*
猫科所有种　*Felidae* spp.
灵长目所有种　*Primates* spp.

世界三级保护动物69种名单略

中国重点保护哺乳动物名录

中国一级保护哺乳动物

河狸 *Castor fiber*

白鱀豚 *Lipotes vexillifer*

中华白海豚 *Sousa chinensis*

儒艮 *Dugong dugon*

白肢野牛 *Bos gaurus*

野牦牛 *B. mutus*

普氏原羚 *Procapra gutturosa*

藏羚 *Pantholops hodgsoni*

高鼻羚羊 *Saiga tatarica*

扭角羚 *Budorcas taxicolor*

日本鬣羚 *Caprocornis crispus*

赤斑羚 *Nemorhaedus cranbrooki*

喜马拉雅塔尔羊 *Hemitragus jemlahicus*

北山羊 *Capra ibex*

小鼷鹿 *Tragulus javanicus*

黑麂 *Muntiacus crinifrons*

白唇鹿 *Cervus albirostris*

泽鹿 *C. eldi*

梅花鹿 *C. nippon*

豚鹿 *C. porcinus*

麋鹿 *Elaphurus davidianus*

普氏野马 *Equus przewalskii*

西藏野驴 *E. kiang*

亚洲野驴 *E. hemionus*

野骆驼 *Camelus ferus*

亚洲象 *Elephans maximus*

马来熊 *Helarctos malayanus*

大熊猫 *Ailuropoda melanoleuca*

紫貂 *Martes zibellina*

貂熊 *Gulo gulo*

熊狸 *Arctictis binturong*

云豹 *Neofelis nebulosa*

雪豹 *Panthera uncia*

豹 *P. pardus*

虎 *P. tiger*
蜂猴所有种 *Zycticebus* spp.
金丝猴所有种 *Rhinopithecus* spp.
叶猴所有种 *Presbytis* spp.
台湾猴 *Macaca cylopis*
熊猴 *M. assamensis*
豚尾猴 *M. nemestrina*
长臂猿所有种 *Hylobates* spp.

中国二级保护哺乳动物

穿山甲 *Manispentadactyla*
两色巨松鼠 *Ratufa bicolor*
海南兔 *Lepus peguensis hainanus*
塔里木兔 *L. yarkandensis*
雪兔 *L.timidus*
鳍足目所有种 *Pinnipedia* spp.
鲸目所有种 *Cetacea* spp.
麝所有种 *Moschus* spp.
河麂 *Hydropotes inermis*
马鹿 *Cervus elaphus*
水鹿 *C. unicolor*
驼鹿 *Alces alces*
黄羊 *Procapra gutturosa*
藏原羚 *P. picticaudatus*
鹅喉羚 *Gazella subgutturosa*
鬣羚 *Caoricornis sumatraensis*
斑羚 *Nemorhaedus goral*
盘羊 *Ovis ammon*
岩羊 *Pseudois nayaur*
豺 *Cuon alpinus*
黑熊 *Selenarctus thibetanus*
棕熊 *Ursus arctos*
马熊 *U. pruinosus*
小熊猫 *Ailurus fulgens*
石貂 *Martes foina*
黄喉貂 *M. flavigula*
水獭所有种 *Lutra* spp.
小爪水獭 *Aonyx cinerea*
斑林狸 *Prionodon pardicolor*
大灵猫 *Viverra zibetta*
小灵猫 *V.iverricula indica*
草原斑猫 *Felis silvestris*
荒漠猫 *F. bieti*
丛林猫 *F. chaus*
兔狲 *F. manul*
金猫 *F. temminckii*
渔猫 *F. virerrina*
猞猁 *Lynx lynx*
短尾猴 *Macaca arctoides*
猕猴 *M. mulatta*
藏酋猴 *M. thibetana*

中国三级重点保护哺乳动物名单略

本书收录哺乳动物拉丁文属种名索引

Acinonyx jubatus 猎豹 159 页，18.139

Acinonyx venaticus 印度猎豹 160 页，18.140

Acrobates pysmaeus 羽尾袋鼯 11 页，2.37

Acrocephalus australis 南非海狗 81 页，12.5

Acrocephalus tropicalis 阿姆斯特丹海狗 81 页，12.6

Acrocephalus zazella 南极海狗 80 页，12.4

Acticodia indicus 印度獏 126 页 15.13

Addax nasomaculatus 旋角羚 117 页，14.143

Aepyceros melampus 黑斑羚 111 页，14.114

Aethechinum algirus 北非刺猬 23 页，3.21

Agouti paca 帕加 59 页，9.83 ～ 84

Ailuropoda melanoleucus 大猫熊 140 页，18.45

Ailurus fulgens 小猫熊 140 页，18.46

Alcelaphus buselaphus 狷羚，麋羚 118 页，14.146

Alcelaphus lichtenstein 礼氏狷羚 118 页，14.149

Alcelaphus major 大狷羚 118 页，14.147 ～ 148

Alces alces 麋，驼鹿 95 页，14.45

Allastaga major 巨跳鼠 49 页，9.41

Allastaga sibirica 五趾跳鼠 49 页，9.40

Allouatra caraya 黑吼猴 177 页，20.60 ～ 61

Allouatra pigra 吼猴 176 页，20.58

Allouatra seniculus 赤吼猴，红吼猴 177 页，20.59

Alopex lagopus 北极狐 133 页，18.13

Amblonyx cinerea 印度光水獭 146 页，18.72

Amblyonyx cinnerea 小爪水獭 145 页，18.69

Ammotragus lervis 髯羊，峦羊 106 页，14.92

Anoa mindorensis 印尼明多罗小水牛 102 页，14.74

Anomalurus fraseri 法氏鳞尾睡鼠 46 页，9.30

Antidorcas marsupialis 跳羚 110 页，14.110

Antilocapre americana 叉角鹿，叉角羚 101 页，14.66

Antilope cervicapra 印度黑羚 121 页，14.164

Antrozous pallidus 苍白洞蝠 39 页，8.37 ～ 38

Aotryx capensis 非洲小爪水獭 145 页，18.70

Aotus trivigatus 夜猴 175 页，20.51

Arctictis binturong 熊狸 149 页，18.89

Arctictis whitei 怀特熊狸，巴拉望獴猫 149 页，

18.91
Arctocebus calabarensis　金熊猴　171 页，20.31
Arctogalidia trivirgata　小齿椰子猫　148 页，18.86
Ariela mongo　缟獴，非洲獴　151 页，18.99
Artibeus jamaicensis　牙买加新世界果蝠　37 页，8.26 中上
Atelerix frontalis　南非刺猬　23 页，3.22
Ateles geoffroyi　黑掌蜘蛛猴　178 页，20.63
Ateles variegates　哥伦比亚蛛猴　177 页，20.62
Atelodus bicornis　黑犀　127 页，15.21
Atherurus macrourus　扫尾豪猪　56 页，9.67 中下
Atilax paludinosus　水猫鼬　151 页，18.100
Atilax paludinosus　沼泽獴　150 页，18.98
Atupaia glis　普通树鼩　165 页，19.1
Axis axis　印度花鹿　97 页，14.50
Axis porcinus　豚鹿　97 页 14.51
Balaena mysticetus　露脊鲸，弓头鲸，北极鲸　73 页，11.22 ～ 23
Balenoptera acutorostrata　小须鲸，小鳁鲸，缟鳁鲸　76 页，11.32 ～ 33
Balenoptera borealis　大须鲸，鳁鲸　75 页，11.30
Balenoptera edeni　长褶沟大须鲸，拟大鳁鲸，埃氏鳁鲸　76 页，11.34
Balenoptera musculus　蓝鲸　75 页，11.28 ～ 29
Balenoptera physalus　长须鲸　75 页，11.31
Basariscus astutus　蓬尾浣熊　140 页，18.42
Bdengale crassicaudata　黑腿獴　150 页，18.98
Bison americana　美洲野牛　101 页，9.22
Bison bison(=B. americana)　美洲野牛　101 页，14.67
Bison bonasus　欧洲野牛　101 页，14.68
Blastocerus dichotomusi　南美泽鹿　95 页，14.42
Bos banteng　爪哇牛　102 页，14.71
Bos gaurus　白肢野牛，印度野牛　102 页，14.70
Bos mutus　野牦牛　102 页，14.69
Bos sauveli　林牛　102 页，14.72
Boucercus eurycerus　紫羚羊　120 页，14.159 ～ 160
Brachlagus idahensis　艾塔荷野兔　66 页，10.17 右上和 10.18
Brachynrus rubicundus　赤额猴，秃猴　176 页，20.57
Brachyteles arachuoides　绒毛蜘蛛猴　178 页，20.64 ～ 65
Bradypus tridaotylus　三趾树懒　27 页，4.8
Bubalus arnee　野水牛　103 页，14.76
Bubalus bubalus　水牛　103 页，14.75
Bubalus depressicornis　倭水牛，苏拉威西水牛　102 页，14.73
Bunolagus monticularis　南非灌丛穴兔，布须曼兔　67 页，10.21
Burramys parvus　山倭袋貂　12 页，2.41 ～ 42
Butorcas bedfordi　秦岭扭角羚，金毛牛羚　107 页，14.98
Butorcas taxicoler　扭角羚　107 页，14.97
Cacajao rubicundus　赤额猴，秃猴　176 页，20.57
Caenolestes obsurus　长鼻负鼠　4 页，2.2 左上
Callicebus moloch　暗黑伶猴　176 页，20.53
Callicebus torquatus　白额青猴　176 页，20.56
Callithrix jacchus　毛狨　174 页，20.42
Callorhinus ursinus　北海海狗　81 页，12.7

Callosciurus erythraphus 丽松鼠，赤腹松鼠 41 页，9.9
Camelus bactrianus 双峰驼 91 页，14.21
Camelus dromedarius 单峰驼 91 页，14.22
Camelus ferus 野骆驼 91 页，14.20
Canis alpinus 豺，红狼 132 页，18. 9
Canis aureus 亚洲胡狼，胡狼 133 页，18.11
Canis dingo 澳洲野犬 131 页，18.5
Canis familiaris 家犬 131 页，18.1 ～ 4
Canis latrans 郊狼，丛林狼 132 页，18.8
Canis lups 北方狼，灰狼 132 页，18.6 ～ 7
Canis mesomelas 黑背豺 133 页，18.10
Canis simensis 草原胡狼，红狐 133 页，18.12
Caperea marginata 小露脊鲸 74 页，11.26
Capra falconeri 捻角山羊 106 页，14.89
Capra ibex 北山羊，高山巨角塔尔羊 105 页，14.87
Capra montes 旁遮普山羊 105 页，14.85
Capra pyrenuica 西班牙山羊，比利牛斯山羊，悬羊 107 页，14.86
Capra walien 瓦利亚羱羊 105 页，14.88
Capreolus capreolus 麅 95 页，14.44
Capricornis crispus 日本鬣羚 107 页，14.95
Capricornis summatrensis 鬣羚，苏门羚 107 页，14.94
Capromys pilorides 复毛硬毛鼠 60 页，3.8 右下
Capromys melanurus 黑毛硬毛鼠 60 页，9.88
Capromys pilorides 古巴硬毛鼠 60 页，3.8 左上
Capromys prehensilis 卷尾硬毛鼠 60 页，3.8 右上
Caster canadensis 美洲河狸，北美河狸 58 页，9.78
Caster fiber 阿塞拜疆白河狸 58 页，9.75
Caster fiber 河狸 57 页，9.72 ～ 74
Catagonus wagneri 巴拉圭猪，草原西瑞 90 页，14.16 ～ 17
Catopuma temminckii 金猫 155 页 18.115 ～ 116
Cebuella pygmaea 倭狨，小狨 173 页，20.41
Cebus albifrons 白额卷尾猴 175 页，20.52
Cebus apella 黑帽悬猴 175 页，20.49
Cephalops drosalis 棕羚 115 页，14.131 左上
Cephalops jentinki 詹氏小羚羊，白肩小羚羊 115 页，14.133
Cephalops maxwelli 麦氏倭羚 115 页，14.131 右上
Cephalops monticola 蓝小羚羊 115 页，14.134
Cephalops nigrifrons 海湾小羚羊 116 页，14.135
Cephalops rufilatus 红胁小羚羊 115 页，14.131 左下
Cephalops sylvicultor 黄背小羚羊 115 页，14.131 右下
Cephalops zebra 斑背小羚羊 115 页，14.132
Ceratortinus simus 白犀，方吻犀 127 页，15.22
Cercoebus entellus 长尾叶猴 181 页，20.80
Cercopithecus aetheops 黑长尾猴，草地长尾猴，绿长尾猴 179 页，20.73
Cercopithecus ascanius 红尾长尾猴 178 页，20.69
Cercopithecus diana 白须长尾猴 179 页，20.70
Cercopithecus mona 加纳长尾猴，白眉猴 179

页，20.71
Cercopithecus nictitans 白鼻长尾猴 178 页，20.67
Cercopithecus pygerythrus 东南非长尾猴 180 页，20.74
Cercopithecus pygerythus 长尾猴 178 页，20.66
Cercopithecus salatus 加蓬长尾猴 180 页，20.75
Cercopithecus schmidti 红长尾猴 178 页，20.68
Cervus alfredi 维萨彦斑鹿 99 页，14.62～63
Cervus canadensis 美洲马鹿 98 页，14.57
Cervus dama 黄沾鹿 96 页，14.48
Cervus duvauceli 沼鹿 99 页，14.64
Cervus elaphus 马鹿 97 页，10.53
Cervus eldi 泽鹿，坡鹿，悬角鹿 99 页，14.60～61
Cervus marianus 菲律宾赤鹿 99 页，7.2 右侧
Cervus nippon 梅花鹿 98 页，14.58～59
Cervus timorensis 毛里求斯鹿 98 页，14.55
Cervus unicolor 水鹿 98 页，14.56
Chaerogalens major 大鼠狐猴 168 页，20.11
Chironax melanocephalus 黑冠果蝠 34 页，8.10
Chironectes minimus 水负鼠，蹼足负鼠 4 页，2.4
Chiropotes Satanas 丛尾猴 176 页，20.55
Choeropsis liberiposis 倭河马 90 页，14.19
Choloepus didactylus 二趾树懒 26 页，4.6～7
Chrisocyon brachurae 鬃狼 136 页，18.27
Chrotogale owstoni 缟灵猫 149 页，18.92
Chrysothix sciureus 松鼠猴 175 页，4.12，20.50
Civiitictis civitta 非洲灵猫，斑点麝香猫 147 页，18.78
Clethrionomys glareolus 欧鼾 50 页，9.45
Cloeotis percivali 非洲三叶鼻蝠 35 页，8.14
Coendon praheensilis 巴西树豪猪，玻利维亚卷尾豪猪 57 页，9.67 左上，9.70～71
Colobus abyssinicus 疣猴，髯猴 182 页，20.83
Colobus angolensis 安哥拉黑白疣猴 183 页，20.87
Colobus guereza 埃塞俄比亚疣猴，东非疣猴 183 页，20.85
Colobus ostalet 欧斯塔勒特疣猴 183 页，20.88
Colobus samango 萨曼果猴 183 页，20.90
Colobus satanus 黑白疣猴 183 页，20.86
Colobus satanus 黑疣猴 183 页，20.84
Colobus verus 黄疣猴 183 页，20.89
Conepatus chianga 智利獾臭鼬 144 页，18.63
Connochaetes gnou 白尾牛羚 118 页，14.151
Connochaetes taurinus 黑尾牛羚，牛羚，角马 119 页，14.152
Cricetus criceus 原仓鼠 49 页，9.43 右上
Crocidura thomensis 白齿鼩鼱 19 页，3.3
Crosarchus obscurus 暗长毛獴 151 页，18.98 中下
Cryptomys hottentotus 普通隐鼠 54 页，9.60
Cryptoprocta ferox 马岛獴 152 页，18.101，20.9
Cuniculus paca（=*Agouti paca*） 帕加 59 页，9.83～84
Cyclopes ditactylus 二趾食蚁兽 28 页，4.15
Cymopterus sphinx 犬蝠 33 页，8.3
Cynocephalus variegates 马来飞蝠 34 页，8.9
Cynocephalus volans 菲律宾鼯猴 32 页，7.2
Cynocephalus variegatus 斑鼯猴 32 页，7.1
Cynogale bennetrii 本氏灵猫 149 页，18.90
Cynomys ludovicianus 黑尾草原犬鼠 44 页，9.22
Cystophora cristata 冠海豹 83 页，12.9

Dactylonax palpator 狐袋貂，长指缟袋貂 10 页，2.30
Dactylopsila trivirgata 三纹缟袋貂 11 页，2.39
Dama dama（=*Cervus dama*）黄沾鹿 96 页，14.48
Dama mesopstamica 中东鹿，波斯沾鹿 97 页，14.49
Damaliscus hunteri 亨氏牛羚 118 页，14.150
Dasiurops albopunctatus 袋鼬，白斑袋鼬，土猫 6 页，2.14
Dasiurops maculstus 斑尾袋鼬 6 页，2.15
Dasyprocta aquti 刺豚鼠 61 页，9.92
Dasypus novemcictus 九绊犰狳 25 页，4.3
Dasypus septemcinctus 七带犰狳 25 页，4.2
Daubentonia madagasgarensis 指猴 170 页，20.24 ～ 25
Delphinapterus leucus 白鲸 73 页，11.21
Delphinus delphis 真海豚 68 页，11.1
Dendrohyraxdorsalis 西非树蹄兔 128 页，16.4
Dendrolagus goodfallowi 古氏树袋鼠 13 页，2.46
Dendrolagus inustus 灰树袋鼠 13 页，2.45
Dendrolagus matschiei 马氏树袋鼠 13 页，2.47
Dendrolagus dorianus 德氏树袋鼠，囊树袋鼠，树袋狷 13 页，2.45 右
Dendromys mystocolis 秘林鼠，须攀鼠 54 页，9.59
Deomys ferrugineus 刚果林鼠 54 页，9.57
Desmana moschata 麝香鼠，俄罗斯鼩鼱 20 页，3.5
Desmana pyrenaica 比利牛斯鼩鼱 20 页，3.6 ～ 3.7
Desmodus rotundus 吸血蝠 37 页，8.26 中下，8.27
Dicerorthinus sumatrenus 苏门犀，双角犀 127 页，15.20
Diceros bicornis 黑犀 127 页，15.21
Dicotyloes pecari 白唇西瑞 90 页，14.15
Dicotyloes tajacu 领西瑞 89 页，14.14
Didelphis virgiana（=*D. marsupialis*） 负鼠，弗吉尼亚负鼠 3 页，2.1，2.2 中上
Dinomys saanickii 萨氏花背豚鼠，长尾豚鼠 60 页，9.87
Dipodomys ardii 奥氏更格卢鼠 48 页，9.22
Distoechurus pennatus 羽毛袋貂，尾羽鼠袋貂 10 页，2.31
Dolichotis patagonum 长耳豚鼠 58 页，9.79 ～ 80
Dorcopsis veterum 林袋鼠 17 页，2.58 中下，2.59
Dromiciopsis gliroides 拟睡鼠负鼠 4 页，2.3
Dryomys nitedula 林睡鼠，东欧睡鼠 47 页，9.36
Dugong dugon 儒艮 85 页，13.1 ～ 2
Dusicyon griseus 阿根廷胡狼 136 页，18.26
Echinoprocta rufescens 南美短刺豪猪 57 页，9.67
Echymipera rufexens 鼰，刺袋狸 7 页，2.18
Eciomys chinchilla 毛丝鼠 60 页，9.85 ～ 86
Eidolon helvum 草色果蝠 35 页，8.12
Eira barbara 狐鼬 143 页，18.60
Elaphurus davidianus 麋鹿，四不像 100 页，14.65
Elephans indicus 印度象，亚洲象 129 页，17.1 ～ 2
Elephans maximus 印度象 129 页，17.1 ～ 2
Elephantulus intufi 沙地象鼩 22 页，3.14
Elephantulus myurus 南非象鼩 22 页，3.13
Eliomys quercinus 田园睡鼠 48 页，9.34 左下

Eonycteris spelaea 原夜蝠 33 页，8.2
Epixerus ebii 西非松鼠，非洲棕榈松鼠 43 页，9.16
Epomophorus wahldergi 瓦氏肩章果蝠 35，36 页，8.14，8.25
Equus（*Dolichohippus*）*grevyi* 细斑马，格氏斑马 125 页，15.9
Equus（*Hippotigris*）*burchelli* 伯氏斑马，普通斑马 125 页，15.11 ～ 12
Equus（*Hippotigris*）*zebra* 山斑马，真斑马 125 页，15.10
Equus asinus 真野驴，非洲野驴 124 页，15.7
Equus caballus 欧洲野马 123 页，15.1 ～ 2
Equus hemionus 蒙古野驴，亚洲野驴 124 页，15.5 ～ 6
Equus przewalskii 蒙古野马，普氏野马 123 页，15.3 ～ 4
Equus quagga quagga 半斑马 124 页，15.8
Erethizon dorsatum 加拿大豪猪，鸾猪，美洲豪猪 56 页，9.69
Erignathus barbatus 髯海豹 82 页，83 页，12.9
Erinaceus dauricus 蒙古刺猬 23 页，1.20
Erinaceus europens 刺猬 22 页，3.16 ～ 18
Erinaceus tumunicus 长脚猬 23 页，3.19
Erythocebus patas 赤猴 182 页，20.82
Eschrichitius gibbosus 灰鲸 74 页，11.27
Eschrichitius robustus 灰鲸 74 页，11.27
Eubalaena australis 南方露脊鲸 74 页，11.25
Eubalaena gracialis 黑露脊鲸 74 页，11.24
Euchoreutes nasa 大耳跳鼠 48 页，9.39
Eumetopias jubatus 北海狮，海驴 80 页，12.2 ～ 3
Euoticus elegantulus 侏从猴，美丽丛猴 172 页，20.36
Euphractus sexcinctus 六绊犰狳 25 页，4.1
Eutamias sibiricus 花鼠 41 页，9.10 ～ 12
Felis aurata 非洲金猫 156 页，18.119
Felis bengalensis 豹猫、狸子 156 页，18.121
Felis caracal 狞猫 158 页，18.131
Felis catus 家猫 154 页，18.108
Felis chaus 丛林猫 154 页 18.109
Felis geoffiayi 南美林猫 154 页 18.110
Felis gordoni 葛尔登野猫 155 页，18.113
Felis guigna 谷伊纳猫 158 页，18.128
Felis jacobita 雅科布猫，山猫 157 页，18.126
Felis libyca 非洲野猫 156 页，18.112
Felis mamorata 云猫 157 页，18.122
Felis margarita 沙漠猫 158 页，18.130
Felis minuta 菲律宾细猫 155 页，18.117
Felis nigripes 黑足猫 155 页，18.111
Felis pardalis 南欧猞猁 159 页，18.134
Felis pardalis 美洲豹猫，虎猫 158 页，18.129
Felis pardus 金钱豹 161 页，18.145 ～ 147
Felis planiceps 欧洲金猫 156 页，18.119
Felis rubignasa 锈斑猫 157 页，18.124
Felis serval 薮猫 156 页，18.120
Felis silvestris 草原猫，草原斑猫，欧亚野猫 155 页，18.114
Felis temminckii 金猫 155 页 18.115 ～ 116
Felis tigrina 小斑猫 157 页，18.125
Felis viverina 渔猫 157 页，18.123
Felis yagouaroundi 獭猫，细腰猫 157 页，18.127
Fenecus zebra 耳廓狐 135 页 18.22

Funambulus palimarum 亚洲棕榈松鼠 43页,9.3
Funisciurus congicus 库氏非洲松鼠 41页，9.7
Funisciurus substriatus 亚环尾松鼠 41页，9.8
Galago crassicaudatus 厚尾丛猴，大丛猴 172页，20.33
Galago demidovii 倭丛猴 172页，20.34
Galago elegantulus 侏丛猴，美丽丛猴 172页，20.36
Galago pigmee 小丛猴 172页，20.35
Galago senegalensis 蓬尾丛猴 171页，20.32
Galago zanzibaricus 倭丛猴 172页，20.34
Gazalla cuvieri 居氏瞪羚 108页，14.102
Gazella dama 苍羚 110页，14.107
Gazella dorcas 鹿羚 110页，14.108
Gazella grandi 葛氏瞪羚 109页，14.106
Gazella leptoceros 细角羚 110页，14.109
Gazella soemmeringi 索氏瞪羚 109页，14.104
Gazella spekei 斯派克瞪羚 109页，14.103
Gazella subgutturosa 鹅喉羚，波斯小羚羊 108页，14.100～101
Gazella thompsoni 汤氏瞪羚 109页，14.105
Genetta genatta 普通麝猫，小斑獛 147页，18.79
Genetta tigrius 大斑獛 147页，18.80
Geocapromys brownie 短尾牛地鼠，牙买加沟齿沙鼠 60页，9.90
Geomys bursarius 平原囊鼠 48页，9.22
Giraffa camelopardalis 长颈鹿 122页，14.167～168
Glaucomys sabrinus 北美飞鼠 45页，9.25
Glis glis 肥睡鼠 46页，9.31～32
Globicephalus melaena 长鳍领港鲸，巨头鲸 78页，11.9右中
Globicephalus macrophynchus 短肢领航鲸，大吻巨头鲸 78页，11.38
Glossophaga soricina 孢舌蝠 37页，8.26右上
Gorilla gorilla beringeri 高地大猩猩 192页，20.127
Gorilla gorilla 低地大猩猩 192页，20.126
Gramphidephis griseus 灰海豚，瑞氏海豚 69页，11.3右下，11.4
Gulo gulo 貂熊，狼獾 144页，18.64
Gymnobelideus leadbeaeri 粗尾负鼠 5页，2.8
Gymnobelideus leadbeateri 利氏袋貂，山袋貂 10页，2.34
Halichoerus gryphus 灰海豹 83页，12.13
Hapalemur griseus 灰驯狐猴 167页，20.4
Helarctos malayanos 马来熊 138页,18.38左下
Helarctos thibetanus 黑熊 138页，18.36
Hemiechinus 长耳蝟，大耳蝟 23页，3.23
Hemigalus derbyanus 德比灵猫 147页，18.81上
Hemigalus hosei 贺氏灵猫 148页，18.82
Hemitragus hylocrinus 巨角塔尔羊 106页,14.90
Hemitragusjemlahicus 喜马拉雅塔尔羊 106页，14.91
Herpestes edwardsii 灰獴 150页，18.93
Herpestes ichneumon 埃及獴 150页，18.94
Herpestes jawanicus 爪哇獴 150页，18.95
Hespertes auropunctatus 斑耳獴 151页，18.97左下
Hippocamelus bisulcus 马鹿 97页，14.53～54
Hippopotamus amphibius 河马 90页，14.18

Hipposideros fuliginosus 老世界叶鼻蝠 38 页，8.30
Hippotragus equines niger 黑马羚 117 页，14.145
Hippotragus equines 马羚 117 页，14.144
Hyabna brunnea 棕鬣狗 152 页，18.104
Hyabna hyabna 缟鬣狗 152 页，18.102 ～ 103
Hyabna rocotlacrocuta 斑鬣狗 152 页，18.105 ～ 106
Hybomys univittatus 背条鼠 54 页，9.58
Hydrodamalis gigas 无齿海牛 85 页
Hydrurga leptonyx 豹形海豹 83 页，12.14
Hyemoschus equaricus 刚果鼷鹿，水鼷鹿 94 页，14.35
Hylobates agilis 白手猿 191 页，20.121
Hylobates concolor 黑冠猿，黑长臂猿 190 页，20.119
Hylobates hoolock 白眉长臂猿 190 页，20.119
Hylobates lar 白掌长臂猿 190 页，20.118 ～ 119
Hylobates leucogenys 白颊长臂猿 190 页，20.119
Hylobates pileatus 戴帽长臂猿 190 页，20.120
Hylochoelus meinertzhageni 大林猪 89 页，14.10
Hyperoodon ampullatus 北瓶鼻鲸 79 页，11.43
Hypogeomys antimena 假衣囊鼠 50 页，9.34
Hypsignatus monstrosus 畸形高牙蝠 35 页，8.16
Hystrix africaeaustralis 地岬豪猪，南非豪猪 55 页，9.68
Hystrix cristata 欧洲豪猪，羽冠豪猪 55 页，9.61
Hystrix hodgsoni 尼泊尔豪猪 55 页，9.65
Hystrix leucura satunini 中亚白豪猪 55 页，9.64
Hystrix leucura 白豪猪 55 页，9.63
Hystrix pumilus 巴拉望豪猪 55 页，9.66
Hystrix subcristata 中国豪猪 55 页，9.62
Ichuenmia albicauda 白尾獴 151 页，18.98 左下
Ictonyx striatus 非洲斑臭鼬，缟鼬，非洲艾鼬 144 页，18.62
Ictonyx striatus 非洲貉 136 页，18.25
Ihchyomus stolzmanni 食鱼水鼠 53 页，9.43
Indri brevicaudatus 短尾大狐猴 167 页，20.8 ～ 9
Indri indri 大狐猴 169 页，20.16
Inia geoffrensis 亚马孙河海豚 72 页，11.13
Kobus deffasa 德法萨水羚 113 页，14.124
Kobus ellipsiprymnus 水羚 113 页，14.121
Kobus kob 肯尼亚水羚 113 页，14.123
Kobus leche 驴羚 113 页，14.125
Kobus vardoni 瓦氏水羚 113 页，14.122
Laegnorhynchus obscurus 黝海豚，暗黑斑纹海豚 70 页，11.9 右上
Laephotis wintoni 温氏长耳蝠 35 页，8.14
Lagucheste conspicillatus 兔狮 17 页，2.58
Lama alpacus 羊驼 92 页，14.26
Lama glama 美洲羊驼 92 页，14.25
Lama guanacos 原驼，大羊驼 92 页，14.27
Lama pacos（*L. alpacus*） 羊驼 92 页，14.26
Lama vicugna 小羊驼 91 页，14.23 ～ 24
Lasiopus albicauda 白尾獴 151 页，18.97 左下
Lasiorhinus latifrons 软毛宽额长鼻袋熊，毛鼻袋熊 8 页，2.25
Lavahi laniger 毛狐猴 170 页，20.22
Lemmus lemmus 旅鼠 51 页，9.49 ～ 50
Lemniscomys striatus 斑草鼠 53 页，9.34
Lemur catta 节尾狐猴 166 页，20.2 ～ 3
Lemur fulvus aibifrons 白额褐狐猴 169 页，20.20
Lemur fulvus colaris 项圈褐狐猴 169 页，20.18

Lemur fulvus sandardi 褐领狐猴 169 页，20.19
Lemur fulvus 褐狐猴 169 页，20.17
Lemur mongoz 獴狐猴 167 页，20.6
Lemur variagatus 白领狐猴 168 页，20.15
Lemur varius 斑狐猴 168 页，20.5
Leontocebus roralia 狮面狨，狮毛猴，金丝卷毛猴 174 页，20.43
Leontopithecus roralia 狮面狨，狮毛猴，金丝卷毛猴 174 页，20.43
Leopardus guigna 谷伊纳猫 158 页，18.128
Lepilemur mustelinus 鼬狐猴 168 页，20.12
Lepilemur ruficaudatua 棕尾鼬狐猴 169 页，20.21
Leporillus conditor 刺巢鼠 16 页，2.56
Leptonychotes weddelli 威德尔海豹 83 页，12.17
Lepus americanus 美洲野兔 65 页，10.15
Lepus arcticus 格陵兰兔 65 页，10.12
Lepus capensis 草兔 65 页 10.9
Lepus carnifornicus 美国黑尾野兔 65 页，10.16
Lepus crawshavi 克氏兔 65 页，10.13
Lepus europaeus 欧兔 64 页，10.6
Lepus nigricollis 黑颈兔 65 页，10.10
Lepus saxatilis 薮兔 65 页，10.14
Lepus sinensis 短耳兔，华东兔 64 页，10.7
Lepus somaliensis 索马里兔 65 页 10.11
Lepus timidus hibernicus 黑伯尔雪兔 64 页，10.8
Liberictis kuhali 利比里亚獴 150 页，18.97
Liebra raja 尼艾卡红兔 66 页，10.20
Limnotragus spekei 林羚 120 页 14.156
Lipotes vexillifer 白鱀豚 71 页，11.10
Lobaton cancrinophagus 食蟹海豹 84 页，12.18
Loris gracilis 瘠懒猴 171 页，20.29
Losiopyga pygerythus 长尾猴 178 页，20.66
Loxodonta africanus 非洲象 129 页，17.3～4
Lutra lutra 水獭 145 页，18.68
Lycaon pictus 非洲野犬，三色犬 137 页，18.29～30
Lynchailurus colacola 潘帕斯猫 159 页，18.137
Lynx canadensis 北美猞猁 159 页，18.135
Lynx lynx 猞猁 158 页，18.132～133
Lynx pardella(=Felis pardalis) 南欧猞猁 159页，18.134
Lynx rufus 红猞猁 159 页，18.136
Lytocranius walleri 长颈羚，麒麟羚 110 页，14.111
Macaca arctoides 短尾猴，红面猴，断尾猴 186 页，20.100～101
Macaca assamensis 熊猴 186 页，20.102
Macaca cyclopis 台湾猴，岩栖猕猴 185 页，20.97
Macaca fascicularis 食蟹猴，毛里求斯猴 187 页，20.105
Macaca fuscata 日本猴 185 页，20.96
Macaca mulatta 猕猴，恒河猴 184 页，20.95
Macaca nemastriana 豚尾猴 186 页，20.103
Macaca phillipinensis 菲律宾猕猴 187 页，20.106
Macaca silenus 狮尾猴 187 页，20.104
Macaca sylfanus 绿猴，地中海猕猴 187 页，20.107
Macaca thibetana 藏酋猴，藏猕猴，四川猴，短尾猴，青猴，马猴 185 页，20.98～99

Macropus rufus 大赤袋鼠 14 页，2.50 ～ 52
Macropus giganteus 大灰袋鼠 14 页，2.48
Macropus greyi 花袋鼠 15 页，2.54
Macropus major 大灰袋鼠 14 页，2.48
Macropus parma 白喉袋鼠 15 页，2.53
Macrotis lagotis 兔袋狸，兔耳袋狸 7 页，2.20
Madoqua kirki 犬羚 114 页，14.126
Madoqua phillipsi 菲氏犬羚 114 页，14.128
Madoqua saltiana 盐犬羚 114 页，14.127
Mallomys rothschildi 滑尾鼠 53 页，9.53
Mandrillus hamadryas 哈马德里斯狒狒 189 页，20.116
Mandrillus leucophaeus 鬼狒 189 页，20.115
Mandrillus sphinx 山魈 189 页，20.114
Mandrillus ursinus 豚尾狒狒 188 页，20.113
Manis gigantean 巨鲮鲤 30 页，5.6 ～ 7
Manis pentadactyla 中国鲮鲤，穿山甲 29 页，5.1
Manis terminckii 南非绫鲤 30 页，5.9
Manis tricuspis 树鲮鲤 30 页，5.8
Mariposa espinosa 布尔麦斯特江豚 73 页，11.18
Marmosa muirina 小鼠貁，鼩鼠 4 页，2.5
Marmosa robinson 罗氏鼠貁 4 页，2.2 中下
Marmota bobak 不丹旱獭 44 页，9.19
Marmota marmota 阿尔卑斯土拨鼠，旱獭 43 页，9.18
Marmota menzbieri 梅兹比尔旱獭 43 页，9.20
Marmota vancourerensis 温哥华土拨鼠 43 页，9.21
Martes flavigula 黄喉貂，青鼬 142 页，18.57
Martes foina 石貂 142 页，18.55
Martes martes 松貂 142 页，18.54
Martes melampus 日本貂 142 页，18.56
Martes zibellina 紫貂，黑貂 143 页，18.58
Mayailurus lioriotensis 日本野猫 159 页，18.138
Megaloglosus woermammi 长舌果蝠 34 页，8.11
Megaptera novaeangliae 座头鲸，大翅鲸 76 页，11.35 ～ 36
Meles meles 狗獾，欧洲獾 144 页，18.65
Melivora capensis 蜜獾 144 页，18.66
Melursus ursinus 懒熊 138 页，18.38 右上
Mephitis macroura 加拿大臭鼬 143 页，18.61
Mesicricetus auratus 金色亚仓鼠 50 页，9.43 中上
Mesoplodon bidens 喙鲸 79 页，11.44
Mesoplodon grayi 灰鸟喙鲸 79 页，11.9 左上
Metachirus nudicaudatus 裸尾鼠貁，四眼鼠貁 4 页，2.6
Metodelphis brevicaudatus 短尾鼠貁 4 页，2.2 右下
Metodelphis chapmani 查氏鼠貁 4 页，2.7
Microcebus murinus 密氏倭狐猴 168 页，20.13
Microliucteris megalotis 大型小手蝠 39 页，18.94 左下
Micromys minutus 麦鼠，巢鼠 51 页，9.34 右下，9.48
Microperoryctus longicauda 长尾袋狸 7 页，2.19
Miniopterus schreibersi 普通长翼蝠 35 页，8.14
Mirounga leonine 南象海豹 84 页，12.19
Monachus hauinslandi 夏威夷僧海豹 83 页，12.16

Monachus monachus 僧海豹 83 页，12.15
Monodon monoceros 独角鲸 73 页，11.19～20
Monophylus cubanus 单叶长舌蝠 38 页，8.31
Moschus moschiferus 原麝，喜马拉雅麝，香鹿 93 页，14.33
Moshiola meminna 斑鼷鹿 94 页，14.34
Mungos mongo 缟獴，非洲獴 151 页，18.119
Muntiacus muntjac 角麂，赤麂 94 页，14.31
Mus musculus 小家鼠 52 页，9.51
Muscardinus avelanarius 榛睡鼠，普通睡鼠 47 页，9.34
Mustela erminea 白鼬，扫雪 141 页，18.47
Mustela nigripes 黑足貂，黑足鸡貂 142 页，18.52
Mustela nivalis 伶鼬，银鼠 141 页，18.49
Mustela nudipos 马来亚鼬 142 页，18.50
Mustela putorius 鸡貂，林鼬 142 页，18.51
Mustela vison 水貂 143 页，18.59
Mycetes caraya 黑吼猴 177 页，20.60～61
Mydous javaensis 马来无尾猸，大鼠猸 24 页，3.25
Myocastor coypus 河狸鼠 61 页，9.91
Myoictis melas 三纹袋小鼠 6 页，3.13
Myotis myotis 大鼠耳蝠 39 页，8.35
Myotis welwitschii 魏氏鼠耳蝠 35 页，8.14
Myrmecobius fasciatus 缟食蚁兽，袋食蚁兽 6 页，2.16～17
Myrmecophaga jubata（=*M. tridactyla*） 大食蚁兽 27 页，4.9～10
Mystax bicornis 黑面猸 174 页，20.45
Mystax imperator 长须狨 174 页，20.44
Naemothedus goral 斑羚 107 页，14.96
Naemothedus summatrensis 鬣羚，苏门羚 107 页，14.94
Nasalis larvatus 天狗猴，仰鼻猴 184 页，20.94
Nasua narica 中美浣熊，白鼻浣熊 139 页，18.40
Nasua oliverea 长鼻浣熊 140 页，18.43
Nasua solialis 南美浣熊 139 页，18.41
Neofelis neblosa brachyrus 台湾云豹 160 页，18.142
Neofelis neblosa 云豹 160 页，18.141
Neofelis onca 美洲豹 160 页，18.143
Neomys fodieus 水鼩鼱 19 页，3.2
Neotragus pygmaeus 王羚，王矮羚 115 页，14.130
Nesolagus netschensis 苏门答腊短尾野兔 66 页，10.17 右下
Nomascus concolor 黑冠猿，黑长臂猿 190 页，20.119
Nomascus concolor 越南金丝猴 184 页，20.76
Nyciatus nocdula 山蝠 39 页，8.36
Nyctereutes procyonoides 貉 136 页，18.34
Nycteris thebaica 非洲凹脸蝠 35 页，8.14
Nycticebus coucang 懒猴，风猴，蜂猴 170 页，20.26
Nycticebus piomacus 矮懒猴 170 页，20.28
Nycticebus pygmaeus 小懒猴 170 页，20.27
Ochotona hyperborea yesoensis 东北鼠兔 62 页，10.2
Ochotona pallasi 帕氏鼠兔 62 页，10.1
Ochotona princeps 美洲鼠兔 62 页，10.3

Odoberus rosmarus 海 象 84 页，12.9 中 下，12.20
Odocoileua virgianianus 白尾鹿 95 页，14.43
Okapi johusoni 霍加狓 122 页，14.166
Ommatophoca rossii 罗斯海豹 82 页，12.12
Oncifelis geoffiayi 南美林猫，杰佛里猫 154 页 18.110
Ondatra zibethica 麝鼠 51 页，9.46 ～ 47
Onychogalea fraenata 束甲尾袋鼠 15 页，2.55
Orcaella brevirostris 伊洛瓦底江豚 72 页，11.17
Orcinus orca 虎鲸 78 页，11.39 ～ 40
Oreailurus jacobita 雅科布猫，山猫 157 页，18.126
Oreamnos americanus 雪羊，美洲山羊 108 页，14.99
Orestragus orestragus 岩 羚， 山 羚 113 页，14.120
Ornithorhynchus anatinus 鸭嘴兽 1 页，1.1 ～ 3
Orycteropus afer 土豚 31 页，6.1 ～ 3
Oryctolagus cuniculus 野家兔，穴兔 63 页，10.4
Oryx beisa 贝萨长角羚 116 页，14.140
Oryx blane 布兰长角羚 117 页，14.141
Oryx dammah 白长角羚 116 页，14.139
Oryx gazelle 直角大羚羊，好望角大羚羊 116 页，14.138
Oryx leucoryx 阿拉伯长角羚 117 页 14.142
Otario byronia 南美海狮 80 页，12.1
Otocyon megalotis 大耳狐 136 页，18.23
Otolemur crassicaudatus 厚尾丛猴，大丛猴 172 页，20.33
Otomops martiensseni 非洲大耳犬吻蝠 35 页，8.14
Otomys irroratus 露沼鼠 53 页，9.43
Ourebia haggardi 哈氏侏羚 112 页，14.119
Ourebia ourebi 侏羚 112 页，14.118
Ovibos moschatus 麝牛 103 页，14.78
Ovis ammon 盘羊，大头羊 103 页，14.79 ～ 80
Ovis aries 绵羊 105 页，14.84
Ovis canadensis 加拿大盘羊，美洲大角羊 104 页，14.83
Ovis vignei 阿富汗盘羊 104 页，14.82
Ozotoceros bezoarticus 潘帕斯鹿 95 页，14.40 ～ 41
P.weiwitschii 韦氏蹄兔 128 页，16.3
Pagophilis groenlandicus 格陵兰海豹 84 页，12.9 左下
Paguma larvata 果子狸，花面狸 148 页，18.84
Pan paniscus 倭黑猩猩 193 页，10.131
Pan troglodytes 黑猩猩 192 页，20.128 ～ 130
Pango pygmaeus 红毛猩猩，猩猩 191 页，20.123 ～ 125
Pantheca leo 非洲狮 162 页，18.150
Pantheca tigris altaica 阿勒泰虎 164 页，18.161
Pantheca tigris amoyensis 华南虎 163 页，18.156
Pantheca tigris amurensis 东北虎，乌苏里虎 163 页，18.154
Pantheca tigris balica 巴厘虎 162 页
Pantheca tigris corbetti 东南亚虎 163 页，18.157 ～ 160
Pantheca tigris coreanensis 朝鲜虎 163 页，18.155

Pantheca tigris sondaica 爪哇虎 162 页
Pantheca tigris summentrea 苏门答腊虎 164 页，18.163
Pantheca tigris virgata 高加索虎，里海虎 58 页，18.182
Pantheca tigris 孟加拉虎 163 页，18.153
Panthera concolor 美洲狮 161 页，18.148 ～ 149
Panthera pardus（=*Felis pardus*） 金钱豹 161 页，18.145 ～ 147
Panthera unica 雪豹 160 页，18.144
Pantholops hogdsoni 藏羚 111 页，14.112
Papio anubia 神狒狒，猎神狒狒，狒狒 188 页，20.109
Papio cynocephalus 草原狒狒 188 页，20.111
Papio doguera 狗狒 188 页，20.112
Papio hamadrayas 阿拉伯狒狒 187 页，20.108
Papio mandrilus 曼德林狒狒 188 页，20.110
Papio ursinus 豚尾狒狒 188 页，20.113
Paradoxurus hermaphroditus 椰子猫 148 页，18.83
Paradoxurus phillippensis 菲律宾花面狸 148 页，18.88
Paradoxurus zeybnensis 金狸猫 148 页，18.87
Paramanis culionensis 菲律宾鲮鲤 29 页，5.4
Paramanis javanica 爪哇鲮鲤 29 页，5.2 ～ 3
Paraxerus cepapi 丛林松鼠 43 页，9.14
Paraxerus vincenti 文森特林松鼠 43 页，9.15
Parcula salvonia 小野猪 88 页，14.7
Pataurista alboryfus 红白鼯鼠，白面鼯鼠 46 页，9.29
Pataurista lilei 棕鼯鼠 46 页，9.28
Pedestes capensis 跳兔 49 页，9.34 左，9.42
Pelea capreolus 短角羚 112 页，14.117
Pentalagus crassicaudatus 纳塔尔红兔 67 页，10.22
Pentalagus furnensis 琉球兔 66 页，10.19
Perodicticus potto 树熊猴 171 页，20.30 ～ 31
Peroryctes longicauda 长尾袋狸 7 页，2.19
Petaurus norfolcensis 鼠袋鼯 11 页，2.38
Petrodromys tetradactylus 四趾岩跳鼩 22 页，3.15
Petrogale penicillata 帚尾岩袋鼠 16 页，2.57
Petrogale xanthopus 黄足岩猼 16 页，2.58
Phacochoerus aethiopicus 非洲疣猪 89 页，14.11 ～ 13
Phalanger maculatus 斑带貂 9 页，2.27 ～ 2.28
Phalanger orientalis 灰袋貂，北灰袋貂 9 页，2.26
Phalanger ursinus 熊袋貂 9 页，2.29
Phatages crassicaudata 印度鲮鲤 30 页，5.5
Philanger opossum 毛负鼠 4 页，2.4
Phoca cangrejera 蟹行海豹 82 页，12.11
Phoca hispida 环斑海豹 82 页，12.9 左上
Phoca largha 勘察加海豹 82 页，12.10
Phoca vitulina 斑海豹 82 页，12.9 右下
Phocaena phocaena 鼠海豚，灰海豚 72 页，11.15 ～ 16
Phodopus singorus 小沙仓鼠，矮仓鼠 53 页，9.43
Phogophora graenlandica 格陵兰海豹 84 页，12.9
Phscolarctus cinereus 树熊，考拉，无尾熊 12 页，2.43 ～ 44

Phyllonycteris poiyi 泊氏叶蝠 37 页，8.26 右下

Physeter catodon 巨头鲸 78 页，11.9 右中

Physeter macrocephalus 抹香鲸 77 页，11.9 左下，37

Pithecia monachus 僧面猴 176 页，20.54

Platanista gangetica 恒河海豚 71 页，11.12

Platanista indi 印度河海豚 71 页，11.11

Plecotus auritus 兔蝠，大耳蝠 38 页，8.32～34

Poiana richardsoni 礼氏灵猫 53 页，18.298

Pontoporia blainvillei 拉普拉塔海豚 72 页，11.14

Potamuchoeras larvatus 非洲河猪 88 页，14.9

Potamuchoeras porcus 红河猪，非洲野猪 88 页，14.8

Potorous 暗黑弹鼠 7 页，2.21

Potos flavus 蜜熊 140 页，18.44

Presbytes geei 金叶猴 181 页，20. 79

Presbytes pileata 戴帽叶猴 181 页，20.78

Priodontes giganteus 大犰狳，巨犰狳 26 页，4.4～5

Prionodon linsang 灵桑灵猫 147 页，18.81 下

Prionomys batesi 低林鼠 54 页，9.56

Procavia capensis 蹄兔，岩狸，非洲蹄兔 128 页，16.1～2

Procyon lotor 浣熊 139 页，18.39

Pronolagus crassicaudatus 纳塔尔红兔 67 页，10.22

Propithecus diadema 冠原狐猴，冕原狐猴 167 页，20.7

Propithecus sp. 马约特原狐猴 170 页，20.23

Propithecus verreauxi coquereli 原狐猴 167 页，20.10

Propithecus verreauxi 韦氏原狐猴，韦氏冕狐猴 168 页，20.14

Proteles cristatus 土狼 153 页，18.107

Protoxrus stanger 岩松鼠 43 页，9.3

Pseudaxis axis 印度花鹿 97 页，14.50

Pseudocheirus forbesi 苔林环尾袋貂 11 页，2.40

Pseudorca crassidens 假杀人鲸 78 页，11.9 左中，11.41

Pseudoryx nghetinhensis 索拉，文广牛 121 页，14.165

Ptenonura brasiliensis 大水獭 145 页，18.71

Pteromys petaurista 普通鼯鼠，大飞鼠 46 页，9.26～27

Pteromys volans 飞鼠 45 页，9.24

Pteropus dasymallus formosus 台湾狐蝠 34 页，8.6

Pteropus lyleli 李氏果蝠 33 页，8.1

Pteropus pselaphon 日本狐蝠 34 页 8.7

Pteropus vampyrus 飞狐蝠 34 页 8.8

Pudella mephistophilis 小普度鹿 94 页，14.39

Pudu pudu 普渡鹿，南方普度鹿 94 页，14.37～38

Putoria putoria 鸡貂，林鼬 142 页，18.51

Pygathix cinerea 红面叶猴 180 页，20.76

Pygathix nemaeus 白臀叶猴 180 页，20.76

Rangifer tarandus 驯鹿 96 页，14.47

Raphicerus compestris 石羚 114 页，14.129

Rattus norvegicus 褐鼠，家鼠 52 页，3.34，52

Ratufa bicolar 黑松鼠 43 页，9.3，17

Redunca fuluarufula 山苇羚 112 页，14.116

Redunca redunca 小苇羚 112 页，14.115
Reusettus egiptiacus 埃及果蝠 35 页，8.14
Reusettus leschenaulti 棕果蝠 35 页，8.13
Rhabdomys pumilio 四纹鼠 53 页，9.55
Rhinocerus bicornis 黑犀 127 页，15.21
Rhinocerus burchelli 白犀，方吻犀 127 页，15.22
Rhinocerus indicus 印度犀，独角犀 127 页，15.18
Rhinocerus sondaicus 爪哇犀，小独角犀 127 页，15.19
Rhinocerus sumatrenus 苏门犀，双角犀 127 页，15.20
Rhinocerus unicornis 印度犀，独角犀 127 页，15.18
Rhinolophus paradoxolophus 奇异菊头蝠 34 页，8.5
Rhinopithecus avunculus 越南金丝猴，越南仰鼻猴 184 页，20.76
Rhinopithecus bieti 滇金丝猴 184 页
Rhinopithecus brelichi 黔金丝猴 184 页
Rhinopithecus raxellanae 川金丝猴 184 页，20.92
Rhinoplophus capensis 南非菊头蝠 35 页，8.14
Rhinoplophus ferrumaequinum 马铁菊头蝠 35，37 页，8.17，8.28 ～ 29
Rhinoplophus hildebrandti 希氏菊头蝠 38 页，8.24
Rhombomys opimus 肥胖菱形鼠 53 页，9.54
Roulini pinchocus 山地貘 126 页，15.15
Rupicapra rupicapra 岩羚，臆羚 107 页，14.93
Rusa unicoler 黑鹿 97 页，14.52
Saguinus imperator 长须狨 174 页，20.44
Saguinus labiatus 白唇猬 174 页，20.46
Saguinus midas 迈达斯狨 175 页，20.48
Saguinus oedipus 棉顶狨 174 页，20.47
Saiga tatarica 高鼻羚羊，赛加羚羊 111 页，14.113
Saimiri sciureus 松鼠猴 175 页，20.50
Sarcopuls harrisii 袋獾 5 页，2.12
Schoinobates volans 大袋貂，袋鼯 11 页，2.35 ～ 36
Scirtopoda telum 荒漠睡鼠 48 页，9.37
Sciurus vulgaris 松鼠 40 页，9.1 ～ 4
Scotomanes omatus 丑角蝠 33 页，8.4
Selenarctos thibetanus 黑熊 138 页，18.36、38
Selevinia betpakdalensis 月鼠 48 页，9.38
Setonyx brachyurus 短尾矮袋鼠 16 页，2.58 左上
Sigmodon arizanae 亚利桑那棉鼠 50 页，9.43 左上
Silvrilagus aquaticus 沼泽绵尾兔 66 页，10.7 中下
Silvrilagus audoboni 荒漠棉尾兔 66 页，10.7 中上
Silvrilagus bachmani 粗尾棉尾兔 66 页，10.7 左上
Sminthopsis longicaudatus 长尾狭足袋小鼠 8页，2.22
Solenodon cubanus 古巴沟齿鼩，古巴鼩鼱 20 页，3.8 左下～ 9
Solenodon paradoxus 海地沟齿鼩 21 页，3.12
Sorex araneus 普通鼩鼱 18 页，3.1

Sorex buxtoni 中亚鼩鼱，布哈拉鼩鼱 19 页，3.4
Sousa chinensis 中华白海豚 70 页，11.8
Speothos venaticus 薮犬，丛林犬 136 页，18.28
Spermophylus citellus 黄鼠 45 页，9.23
Stenella coeruleoalba 蓝白海豚 69 页，11.2
Stenella haurglass 豪格拉斯海豚 69 页，11.6
Stenella plagiadon 原海豚 69 页，11.5
Strepsceres imberbis 小林羚 120 页，14.157
Strepsceres strepsiceres 大旋角羚，大弯角羚 119 页，14.154
Suricata suricata 细尾獴，细獴 150 页，18.96
Sus barbatus 马来髭猪 88 页，14.6
Sus celebensis phillippensis 菲律宾猪 87 页，14.3
Sus celebensis 西里伯斯猪，鹿豚 87 页，14.2
Sus scrofa 野猪 87 页，14.1
Sus sebifrons 宿务猪 88 页，14.4
Sus vittadus 老挝猪 88 页，14.5
Syconycteris australis 无花果蝠 35 页，8.18
Sylvicapra grimmia 普通小羚羊，灰小羚羊 116 页，14.136～137
Syncerus caffer 南非野水牛 103 页，14.77
T.apirus pinchocus 山地貘 126 页，15.15
Tachyglossus aculeatus 普通针鼹 2 页，1.4～5
Tadarida aegyptiaca 北非皱唇蝠 35 页，8.14
Tadarida pamila 侏儒皱唇蝠 36 页，8.23
Tamandua mexicona 墨西哥食蚁兽 28 页，4.14
Tamandua tetradactyla 小食蚁兽 27 页，4.12
Tamias hokkaido 北海道花鼠 42 页，9.11
Tamias sibiricus 花鼠 41 页，9.10
Tapirus bairdi 中美貘，拜氏貘 126 页，15.16
Tapirus indicus 印度貘 126 页 9.133，15.13
Tapirus tereseris 南美貘，巴西貘 126 页，15.14
Tapirus viliosus 毛貘 126 页，15.17
Tarsius specfrum 眼睛猴 173 页，20.37～39
Tarsius syrichta 菲律宾眼睛猴 173 页，20.40
Tasmacetus sphepherdi 设菲尔德鸟喙鲸 79 页，11.9
Taurotragus derbianus 德氏大羚羊 120 页，14.162
Taurotragus oryx 大羚羊，普通大角斑羚 120 页，14.161
Taxydea taxus 美洲獾 145 页，18.67
Tayasus pecari 白唇西瑞 90 页，14.15
Tayasus tajacu 领西瑞，环颈西瑞 89 页，14.14
Tayra barbara 狐鼬 143 页，18.60
Tenric ecoudatus 毛里求斯无尾猬 24 页，3.24
Terreseris tereseris 南美貘，巴西貘 126 页，15.14
Tetracerus quadricornis 四角羚 121 页，14.163
Thalarctos maritimus 北极熊 137 页，18. 31，18.38
Thecurus sumatrae 苏门豪猪 56 页，9.67 右下
Theropithecus gelada 狮尾狒 189 页，20.117
Thylacinus cynocephalus 袋鼬 6 页，2.14
Thylogale stigmatica 丛袻，红腿袋鼠 17 页，2.58
Trachypithecus francoisi 黑叶猴，佛兰科叶猴 181 页，20.77
Trachypithecus pallocephallus 灰头叶猴 180 页，20.76
Trachypithecus phayrei 法氏叶猴 180 页，20.76
Tragelaphus angas 安氏林羚 120 页，14.158
Tragelaphus buxtoni 山薮羚 119 页，14.153

Tragelaphus eurycerus 紫羚羊 120 页，14.159，160
Tragelaphus imberbis 小林羚 120 页，14.157
Tragelaphus scriptus 薮羚 119 页，14.155
Tragelaphus spekei 林羚 120 页，14.156
Tragelaphus strepsiceres 大旋角羚，大弯角羚 119 页，14.154
Tragulus jamnicus 鼷鹿 92 页，14.28
Tragulus kanchil 小鼷鹿 92 页，14.29
Tragulus napu 菲律宾鼷鹿，麝香鹿 92 页,9.30，31
Tragulus nigricans 鼠鼷鹿 93 页，14.32
Tremaretos ornatus 眼镜熊 138 页，18.37～38
Trichechus floridaensis 佛罗里达海牛 86 页，13.5
Trichechus inunguis 亚马孙海牛 86 页，13.3
Trichechus manatus 美洲海牛，加勒比海牛 86 页，13.3～4
Trichechus senegalensis 西非海牛 86 页，13.6
Trichosurus vulpecula 帚尾袋貂 10 页，2.32～2.33
Trichus fasciculate 簇生豪猪 56 页，9.67 中下
Tursiops truncates 瓶鼻海豚，宽吻海豚 69 页，11.3，11.7
Uroderma bilobatum 筑幕蝠 36 页，8.26 左上
Ursus americanus 美洲熊，美洲黑熊 138 页，18.35
Ursus arctos 棕熊 137 页，18.32～33
Ursus ursinus 懒熊 138 页，18.38
Vampyrum spectrum 鬼蝙蝠 37 页，8.26 左下
Vermela peregosus 虎貂 142 页，18.53
Vicugna vicugna 小羊驼 91 页，14.23～24
Viverra megaspilada 大斑灵猫 146 页，18.74
Viverra tangalunga 菲律宾灵猫 146 页，18.75
Viverra zebetha 大灵猫 146 页，18.73
Viverricula civetia 非洲灵猫，斑点麝香猫 147 页，18.78
Viverricula indica 小灵猫，七间狸 147 页，18.77
Vombatus ursinus 普通袋熊 8 页，2.23～24
Vulpes blanfordi 布氏狐 135 页，18.21
Vulpes cana 以色列狐 135 页，18.17
Vulpes chama 南非狐 135 页，18.19
Vulpes fulvus 美洲赤狐 135 页，18.18
Vulpes ruppelli 吕氏狐 135 页，18.20
Vulpes vulpes 赤狐 133 页，18.14～16
Vulpes zebra 耳廓狐 135 页 18.22
Xerus inaurus 南非地松鼠 42 页，9.13
Zaglossus burtoni 三趾原鼹 2 页，1.6
Zalophus californianus 加利福尼亚海狮 81 页，12.8
Ziphyus cavirostris 古氏剑吻鲸 79 页，11.42

邮票图说系列丛书

定价：56.00 元

获得 2010 年全国集邮展览“大银奖”

本书以航空和邮政史实为主线，结合邮票、封、片的信息讲述世界航空发展的历史。以时间为序列，依航空发展阶段设立篇章，以航空知识和集邮知识融合的视角精选上百个国家和地区 900 余枚邮品素材。

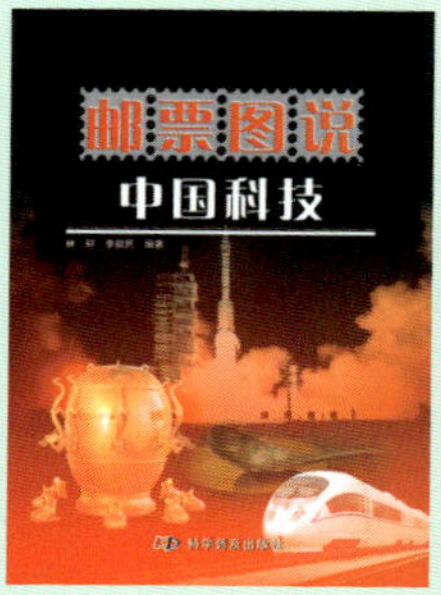

定价：50.00 元

著名英国科学家李约瑟博士认为，中国“在 3 世纪到 13 世纪之间保持一个西方所望尘莫及的科学知识水平”，现代西方世界所应用的许多发明都来自中国，中国是一个发明的国度。你想了解这些吗？就请打开本书吧！

定价：43.00 元

本书集知识性、趣味性于一身，在方寸之间向读者展示了世界航天事业 50 年来的发展和变化。内容翔实，能为不同年龄段、不同知识层次的读者所接受。

定价：43.00 元

获得 2008 年奥林匹克博览会集邮展览“镀金奖”

为纪念每届奥运会而印发的奥运纪念邮票也成了奥林匹克历史、奥林匹克运动本身发展至今的唯一见证“人”，你想见识一下这位历经沧桑、学识渊博的“奥林匹克百岁老人”吗？那就请去咨询一下本书吧，它定会让你满载而归。

定价：43.00 元

获得 2009 年洛阳世界邮展“镀银奖”

音乐是人类文化的精粹，历史是人类文化的根基，漫漫万年人类文明孕育的精神奇葩——音乐在历史中又是如何走过了其漫长的岁月，本书以精美的邮票图片向世人展示了西方音乐悠久的发展历史。

定价：52.00 元

世界遗产专题邮票吸引越来越多集邮爱好者的“眼球”。本书作者选用了 188 项世界遗产的 582 枚专题邮票，共涉及 76 个国家和地区，内容丰富多彩，图片珍贵精美，是一本不可多得的有收藏价值的图书。

定价：49.00 元

恐龙家族庞大，尽管恐龙邮票诞生的时间不长，但也丰富多彩，琳琅满目。该书是一部全面介绍恐龙基本知识、恐龙邮票发行情况的科普读物，是恐龙专题集邮爱好者不可多得的参考书。

定价：55.00 元

一幅幅美丽的昆虫邮票不仅向我们展现了昆虫的神奇和魅力，还诉说了邮票的韵味和发展历程。在邮品中与昆虫对话，听一听尚未知晓的故事，聊一聊昆虫和人类的情节，会使人感到其乐无穷。

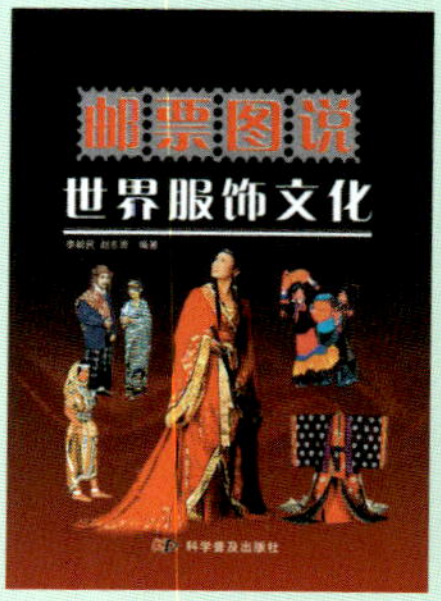

定价：53.00 元

本书将集邮文化与服饰文化熔为一炉，使邮票与服饰的知识性、趣味性、观赏性有机结合在一起，相得益彰。作为集邮，藏研服饰邮票是一个专题。作为服饰，通过邮票加以渲染，展现中外服饰的演变，使多姿多彩的服饰文化一览无遗。

邮票图说系列丛书

定价：50.00 元

中国民俗具有多元化、传承性和群众性。每个人都与民俗有关，每个人都生活在民俗中。本书以人文邮票题材为专题，从物质民俗、节庆民俗、礼仪民俗、精神民俗、民间民俗等方面，通过精美的方寸天地展示中国民俗的多彩风貌。

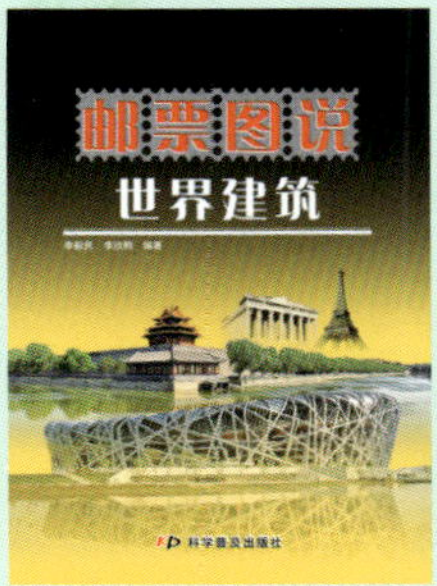

定价：53.00 元

建筑是人类智慧的结晶，是凝固的艺术。从邮票里的建筑，读者可以窥视人类文明的起源和进程，欣赏世界各地建筑的美与形。

定价：50.00 元

花卉从来都是人的最爱，咏花抒怀，赠花寄情。本书汇集了世界各国精美的花卉邮票，既让人了解花卉知识，又让人欣赏花卉芳华。

定价：43.00 元

飞机翱翔蓝天，携人远行，承载货物，还可探测、救护、播种……书中的邮票为读者娓娓道来民用航空的起源、发展和诸多实用知识。

定价：50.00 元

宠物是人的精神寄托和好朋友，让人开心，让人爱怜。一枚枚邮票细说了宠物的种类，使可爱的宠物跃然纸上，让人爱不释手。

定价：48.00 元

舟船载人承物，炮舰烟火争锋。从独木舟到航空母舰，小小的邮票都有记录，从中读者可以领略历史的脉络和战争的风云。

定价：55.00 元

从人力车到高速列车，轮子带给我们的不仅是车速的加快，社会的发展；还有很多美好的往事的回忆。本书通过邮票帮我们找回了那些悄然消失的身影。

定价：55.00 元

我们常常惊叹钻石的魅力四射，钦慕翡翠的晶莹剔透，殊不知这些华丽与惊艳却在方寸之地展示得淋漓尽致。本书通过邮票让世间最美的宝石走到一起来。

定价：55.00 元

中国航空的历史，是一部由灿若星辰的古代航空、艰难坎坷的近代航空和突飞猛进的现代航空组成的壮丽篇章。本书通过航空邮品，以“图说”的方式再现了历史的真实。

定价：58.00 元

有着亿万年的进化历史的鱼类，形态各异、色彩缤纷、本领奇特。本书通过一枚枚的邮票向我们展示了丰富多彩的鱼类世界。

定价：58.00 元

哺乳动物作为与人类关系最密切的动物门类，其邮票深受大众喜爱。本书不仅全方位展示了哺乳动物的生活，附录部分收录的拉丁文属种名索引增添了其学术价值。

定价：58.00 元

《牛郎织女》《梁山伯与祝英台》《精卫填海》等民间故事千古流传，我们为主人公讴歌，被主人公感动，自己的生活也与其一起变得多彩。翻开本书，也许更多的精彩等着你发现。